W0263131

Verständliche Wissenschaft

Dreißigster Band

Materie und Strahlung

Von

Ludwig Hopf

Berlin · Verlag von Julius Springer · 1936

Materie und Strahlung

⟨Korpuskel und Feld⟩

Von

Professor Dr. Ludwig Hopf

Aachen

1.—5. Tausend

Mit 56 Abbildungen

Berlin · Verlag von Julius Springer · 1936

ISBN 978-3-642-89880-8   ISBN 978-3-642-91737-0 (eBook)
DOI 10.1007/978-3-642-91737-0

Vorbemerkung.

Meine Darstellung der Relativitätstheorie in Bd. 14 dieser Sammlung hat mir eine Reihe von Zuschriften eingebracht, aus denen hervorging, daß nicht alle Leser mit den richtigen Erwartungen an das Büchlein herangegangen waren. Man gestatte darum, daß ich diesem neuen Versuche, ein schweres Kapitel der theoretischen Physik für allgemein interessierte Leser zu bearbeiten, einige warnende Worte vorausschicke. Es handelt sich um eine kurze Darstellung der Geistesarbeit großer Denker, die ohne Voraussetzung fachlicher Kenntnisse, insbesondere ohne Belastung mit mathematischen Ausführungen dem Leser vermittelt werden soll. Ich habe den Optimismus, daß so etwas möglich ist, und es war natürlich mein aufrichtigstes Bemühen, einen gangbaren Weg zu finden auch für Leser, die sich unter einer mathematischen Formel nichts denken können, und die nie einen physikalischen Apparat in der Hand gehabt haben. Aber zweierlei kann die beste Darstellung eines solchen Gebietes nicht leisten:

1. Sie kann nicht ganz von vorne anfangen; sonst kommt sie über die Anfangsgründe nicht hinaus. Wer nicht schon anderweitig gelernt hat, naturwissenschaftlich zu denken, und wer den einfachen Grund*tatsachen* der Physik ganz verständnislos gegenübersteht, der kann nicht damit beginnen, die tiefsten Gedanken über die physikalischen Erscheinungen zu studieren. Und hier soll ja mehr von Gedanken und Bildern als von Tatsachen die Rede sein. Vielleicht ist gar nicht viel an Vorkenntnissen nötig; ich habe mich bemüht, alle auftretenden Begriffe wenigstens oberflächlich zu erklären. Aber ich möchte doch vielen Lesern — die ich gern zu Lesern haben möchte — raten, vor dem vorliegenden Bändchen wenigstens W u l f , Bausteine der Körperwelt, oder H a a s , Physik für

V

Jedermann (Verst. Wissenschaft, Bd. 25 bzw. Bd. 20), durchzuarbeiten.

2. Gedanken, die langsam bei großen Denkern gereift sind, Gedanken vor allem, die von der alltäglichen Anschauung wegführen, sind schwer; je weniger Vorkenntnisse vorhanden sind, um so schwerer ist das Verständnis; Verzicht auf Mathematik macht die Sache nicht leichter, sondern schwerer. Der Darsteller kann dem Leser die Arbeit, Vorkenntnisse aufzuhäufen, ersparen; er kann ihm Technik ersparen, aber nicht Gedankenarbeit. Dies Büchlein ist darum keine Lektüre für die Siesta; wenn es dem Leser zu leicht scheint, ist er betrogen. Nur wer die tiefe Schwierigkeit der modernen physikalischen Gedankengänge durcherlebt, kann zu ihrem Verständnis kommen. Darum bitte ich den Leser, sich durch Schwierigkeiten nicht abhalten zu lassen, aber mißtrauisch zu werden, wenn etwas zu leicht erscheint. „Verständlich" soll jede Wissenschaft werden können, aber nicht leichtverständlich.

Es täte mir leid, wenn ich zu viele Leser durch diese Vorbemerkung abschrecken würde; darum darf ich wohl hinzufügen: das Ziel mag schwer zu erreichen sein, aber es lohnt auch große Mühen.

Aachen, Juni 1936.

Ludwig Hopf.

Inhaltsverzeichnis.

Einleitung.

Das Haus der Physik enthält viele Räume, und keiner gleicht ganz dem anderen. Von dem einen Raum aus sieht man hinaus in die Natur und beobachtet, was da vorgeht; in anderen Räumen, den zahlreichsten, werden einzelne Teile des Naturgeschehens künstlich reproduziert und so beobachtet; es werden Versuche angestellt. Da ist ein andrer Raum; in dem werden die menschlichen Sinne verfeinert; sinnreiche Mechanismen werden dort erfunden, die dem Auge eine ungeahnte Schärfe verleihen, kleine Dinge zu unterscheiden oder entfernte Gegenstände zu sehen; ja, es werden neue Sinneswerkzeuge gebaut, die ein Licht sehen können, einen Ton hören können, wo Auge und Ohr des Menschen ganz versagen. Dort ist wieder ein andrer Raum, in dem Werkzeuge hergestellt werden, die tausendmal feiner sind als die Werkzeuge unsres Alltags; sie sollen auch Besonderes leisten; sie sollen z. B. Striche in Glas ritzen, tausende auf einen Millimeter, aber jeder Strich muß scharf abgehoben sein von seinem Nachbarn; oder sie sollen die Luft aus einem Gefäß so vollkommen entfernen, daß selbst der elektrische Strom sie nicht mehr feststellen kann. In einem andern Raum werden die Vorgänge im Laboratorium so umgestaltet, daß sie praktische Anwendung in der Technik finden können.

Dann aber gibt es auch Räume, in denen nur Schreibtische stehen; dort werden die Beobachtung, die Messung, der ganze verfolgte Naturvorgang zu einer Reihe von Zahlen, für die man eine möglichst einfache Ordnung sucht; die Zahlen werden verglichen, ja auseinander berechnet; es entsteht die Erkenntnis des *Naturgesetzes*. In manchen dieser Räume scheint es sehr abstrakt und naturfern zuzugehen; aber auch dort müssen Werkzeuge geschmiedet werden, die Werkzeuge nämlich, die Zahlenreihen angreifen, zerlegen und verbinden; wir nennen

sie mathematische Methoden. Und so wenig die Werkzeug-
technik von sich aus dem Physiker alle notwendigen Werkzeuge liefert, so wenig liefert die Mathematik ohne weiteres
alle Methoden in der Gestalt, wie sie der Physiker braucht;
er muß schon selbst mit anfassen; und wie er selbst sich
Apparate baut und dadurch natürlich seinerseits die Technik
fördert, so darf er sich der eigenen Fortarbeit auf mathemati-
schem Gebiet nicht enthalten, und er hat schon manches schöne
Kapitel ins Buch der Mathematik eingeschrieben.

Wir gehen diesmal an all diesen Räumen vorbei und be-
treten nur einen recht kleinen Raum, in dem sich an Appa-
raten und Schreibtischen weniger vorfindet als in den anderen Räumen; auch weniger Arbeiter sind darin; aber wir
befinden uns recht nahe der Mitte des Gebäudes, und, obwohl
wir keineswegs in die Generaldirektion gekommen sind, sehen
wir feine Verbindungslinien von diesem Raum zu jedem anderen Raum des Gebäudes laufen. Hier soll zusammengefaßt
werden, was allenthalben erarbeitet wird; hier soll ein *Bild der
physikalischen Welt* entstehen, das in einfacher, dem menschlichen Geist faßbarer Weise die regellose Vielheit der Erscheinungen als eine Einheit darstellt; hier soll das große Gesetz
gefunden werden, aus dem alle die kleinen, durch Beobachtung, Versuch und Rechnung erschlossenen Gesetze folgen.
Nur wo zusammengefaßt werden kann, wo von einer Erscheinungsgruppe aus auf eine andere geschlossen werden kann,
findet der Forscher den Weg zu neuen Erscheinungen; selten
ersetzt der Zufall die Gedankenarbeit.

Zu tiefst im Menschen liegt der Drang nach Erkenntnis;
und wenn wir hier nicht das Ganze, das dem menschlichen
Geist offensteht, sondern nur das kleine Gebiet der physikalischen, materiellen Welt betrachten, so finden wir von vornherein die Forscher auf der Suche nach einem Gesichtspunkt,
einem Bild, einem Gesetz, welches dieses ganze Gebiet umspannen könnte. *Zwei Naturtatsachen als eine einzige erkennen,* das ist Ziel und Erfolg jeder Theorie; jede solche
Erkenntnis eröffnet neues Land und stellt neue Aufgaben.
Alle Tatsachen der physikalischen Natur als eine einzige zu
erkennen, ein einziges großes Gesetz für alle physikalischen

Vorgänge zu finden, ist das Ziel, das der Menschengeist sich notwendig setzt. Nie war wohl noch ein Forscher so vermessen, daß er geglaubt hätte, dies Ziel wirklich erreicht zu haben; aber fast alle sehen das Ziel als fern, aber erreichbar an; fast alle sehen ein *Bild* des Naturgeschehens, das ihnen als wahres *Abbild* der Natur erscheint, dessen Einzelzüge nur im Laufe der Zeit immer deutlicher werden müßten.

Wie ist dies Bild gewonnen? Aus der verwirrenden Vielheit der Erscheinungen hebt sich dem Beobachter eine Erscheinung heraus, die sich ihm als die allgemeinste, einfachste darstellt; auf diese sucht er die andern zurückzuführen. Und wo dies für eine mehr oder weniger große Fülle seiner Erfahrungen gelingt, da gewinnt er Vertrauen; die Einzelerscheinung, sinngemäß idealisiert, wird für ihn zum Bild der physikalischen Welt. Gelingt es, eine neue Erscheinungsgruppe in sein Bild einzuordnen, so sagt er, er habe sie „*verstanden*"; und dies Verstehen wird ihm gesichert und vertieft, wenn es ihn zu neuen Kenntnissen oder zur Einordnung weiterer bekannter Tatsachen führt. Freilich bleibt sein Weltbild nicht unverändert; Gesichtspunkte kommen ständig hinzu, die der ursprünglichen Grunderscheinung nicht angehörten; aber sie fügen sich logisch an, und es entsteht ein immer klareres Bild, ein immer allgemeineres und doch im einzelnen strenges Gesetz, das einen großen Kreis der Naturerscheinungen beherrscht, — bis einmal an mehr und mehr Erscheinungen die Kraft des Bildes versagt und der forschende Geist in seine Schranken gewiesen wird.

Von solchen Bildern soll dies Büchlein berichten, von erschütternden Erfolgen und Niederlagen des Menschengeistes vor der Natur. Es sind nicht viele Bilder; es sind auch nicht viele Forscher, die ihr Leben an diese Bilder gewandt haben. Es gibt buntere, lockendere, lohnendere Aufgaben der Physik: Nutzbarmachung der Kenntnisse von Naturvorgängen, Beschreibung und Messung, Beobachtung und Rechnung. Zum Glück! Müßte der Forscher nur ewig den ganz großen Fragen, den letzten Erkenntnissen seines Gebietes gegenüberstehen — von noch allgemeineren Problemen wollen wir ja gar nicht reden —, er müßte verzweifeln. Aber dem draußen Stehenden, an den sich diese Sammlung wendet, mag es

gerade interessant sein, von diesen innersten Gedanken der
physikalischen Wissenschaft zu erfahren und sie durchzu-
denken; denn sie berühren ja schließlich das Tiefste in Welt
und Leben.

Erstes Kapitel.

Das Korpuskelbild.

Bewegte Materie als Erfahrungsbegriff.

Die einfachste sinnliche Gegebenheit, von der die Überlegungen des Pysikers ausgehen können, ist die *Materie;* alle
uns umgebenden Dinge sind *greifbar.* Zunächst gilt das von
den festen, meist starren Körpern, die ihre Gestalt nicht
ändern, also bestimmte, faßbare Objekte sind; dann aber läßt
sich der Begriff auch leicht übertragen auf plastische, in
ihrer Gestalt veränderliche, auf flüssige und gasförmige
Körper. Wollen wir klar ausdrücken, worin dieser Begriff
der Materie besteht, wie wir ihn festlegen können, so drängen
sich sofort zwei andere Begriffe hinzu, die uns — zunächst
unbestimmt, aber schließlich wissenschaftlich festlegbar, mit
Zahl und Maß erfaßbar — durch die einfachsten Erfahrungen
gegeben sind: *Bewegung und Kraft.* Die materiellen Körper
ändern ihren Ort; sie stoßen sich, wirken aufeinander, ändern
dadurch die gegenseitige Bewegung. Wir können auch willkürlich ihre Bewegung beeinflussen, indem wir etwa mit den
Händen zugreifen; dabei fühlen wir einen Druck, eine Spannung in unseren Muskeln; wir bemerken, daß eine solche
Spannung um so stärker auftritt, je größer unser Einfluß auf
die Bewegung eines Körpers ist. Wir schöpfen aus diesen
Erfahrungen den Begriff der *Kraft.*
Diese einfachen Erfahrungen legen uns ein Bild der physikalischen Vorgänge nah; wir erwarten, daß die physikalische
Welt aus materiellen Körpern besteht, die sich unter Einfluß
von Kräften in vielfältiger Weise bewegen. Verschiedene Arten
von Materie, von Bewegungen, von Kräften rufen die Buntheit
der Wirklichkeit hervor; sie zeigt in unsagbar verschiedenen

Formen das eine Gesetz, das die *Bewegung eines Körpers unter Einfluß einer Kraft* beschreibt.

Soweit des Empfinden des Laien! Jetzt erst tritt der Physiker hinzu und stellt sich die Aufgabe, den unklaren Aussagen und Begriffen Sinn und Klarheit zu geben; auch er hofft, auf dem von uns unklar gesuchten Weg zu einem Gesetz von großer Tiefe und Allgemeinheit zu gelangen, das einen großen Teil seiner Erfahrungen aus Beobachtung und Versuch zusammenzufassen und so seinem „Verständnis" nahe zu bringen vermag.

Aber es ist nicht der zeitlose Physiker, von dem wir hier reden; es ist keineswegs selbstverständlich, daß jeder Erforscher der materiellen Welt diesen Ausgangspunkt nehmen muß, der vielleicht manchem Leser trivial erscheinen mag. Ein ganz bestimmtes, vielleicht zeitgebundenes Empfinden sieht den einfachsten, grundlegendsten Vorgang in der Bewegung von Körpern unter dem Einfluß von Kräften; es ist das Empfinden, das an der Wiege der modernen Naturwissenschaft steht, das insbesondere die großen Forscherpersönlichkeiten G a l i l e i (1564—1642), H u y g h e n s (1629—1695), N e w t o n (1642 bis 1727) u. a., welche die Mechanik begründet haben, beherrscht. Die Großen früherer Zeiten haben nicht so gedacht; andere mehr lebensvolle, mehr geistige Vorgänge schienen ihnen tiefer auch die materielle Welt zu beherrschen; die Natur war für den antiken und den mittelalterlichen Menschen viel mehr Abbild des menschlichen Lebens, mehr beherrscht von *vitalen* Kräften, von Harmonien und Disharmonien des Lebensablaufs, ja selbst von seelischem und religiösem Streben. Man denke an die Astrologie, aber auch an die ganz vermenschlichenden Vorstellungen der Alchimisten, an die Sphärenharmonie der Pythagoräer und anderes mehr! Nur die hellenistische Kultur enthält schon Elemente der moderneren Naturforschung.

Wir lassen natürlich die Bilder und Richtlinien früherer Zeiten beiseite und beschäftigen uns hier nur mit den Anschauungen der Periode, in welcher die Naturwissenschaft in unserem heutigen Sinn aufgewachsen ist. Diese Periode beginnt mit den Männern der Renaissancezeit und ihr erstes Naturbild ist auf den Begriffen der Materie, Bewegung und Kraft aufgebaut; ihre Grundwissenschaft ist die *Mechanik.* Ihr Denken wurde gerade in diese Richtung gelenkt durch die damals entstehenden Erkenntnisse über die *Bahnen* der *Planeten* und Monde. Die allgemeinsten Tatsachen der Natur, gerade die Vorgänge im größten Ausmaß zeigten den Charakter einer Bewegung; an der materiellen Natur des Bewegten konnte nicht gezweifelt werden; der Begriff der Kraft allerdings trat erst nach und nach als notwendige Ergänzung hinzu.

Wir müssen uns, um in die Lehren der Mechanik eindringen zu können, zunächst etwas trocken mit ihren Grundbegriffen befassen; denn unsere schönen Worte werden erst dann zu physikalischen Begriffen, wenn sie in Maß und Zahl faßbar geworden sind.

Geschwindigkeit.

Um einen Begriff physikalisch klar zu formulieren, muß man eine *Meßvorschrift* angeben; die Naturgesetze sprechen Beziehungen zwischen den Ergebnissen verschiedener Messungen aus. Der einfachste der drei Begriffe, welche der Mechanik zugrunde liegen, ist der Begriff der *Bewegung;* ein Körper, der sich bewegt, befindet sich im Laufe der Zeit an verschiedenen Stellen des Raumes; seine Bewegung läßt sich in Zahlwerten eindeutig festlegen, wenn wir alle Entfernungen im Raum mit Maßstäben und alle Zeiträume mit Uhren messen. Dabei sind bestimmte Einheiten willkürlich anzunehmen. Der Bewegungszustand eines Körpers wird in der Mechanik charakterisiert durch seine *Geschwindigkeit,* deren Größe man als Zahlwert erhält, wenn man den in einer kleinen Zeitspanne zurückgelegten Weg durch diese Zeitspanne dividiert. Aber mit dieser Meßvorschrift allein ist der Begriff der Geschwindigkeit noch nicht erschöpft; eine Geschwindigkeit hat nicht nur eine — durch den erwähnten Zahlwert gegebene — Größe, sondern auch eine *Richtung.* Um diese zahlenmäßig zu fassen, müssen wir noch die Winkel messen, die diese Richtung mit irgendwelchen festen, willkürlich wählbaren Richtungen einschließt. Da der Raum 3 Dimensionen hat, sind 2 solche Winkelangaben nötig, wie auch der Nicht-

mathematiker aus Abb. 1 a ersehen kann. Im ganzen sind also
3 Zahlwerte nötig — Größe und 2 Winkel oder 3 Komponenten nach Abb. 1 b —, um die Geschwindigkeit quantitativ fest-
zulegen. Der Mathematiker nennt solche Größen *Vektoren;*
auch für den mathematisch ungeübten Leser wird es nicht
zu schwer sein, sich klarzumachen, daß die Geschwindigkeit — wie jede durch Richtung und Größe ausgezeichnete
Naturgröße — entsprechend den 3 Dimensionen des Raums
durch 3 Zahlwerte be-
schrieben wird.

Aus den Erfahrungen
an bewegten Körpern hat
Newton (wie vor ihm
auch Galilei) ein Ge-
setz abstrahiert, welches
er als erstes Fundament
seiner Mechanik verwen-
det: *Ein sich selbst über-
lassener Körper behält
seine Geschwindigkeit
der Größe und Richtung*

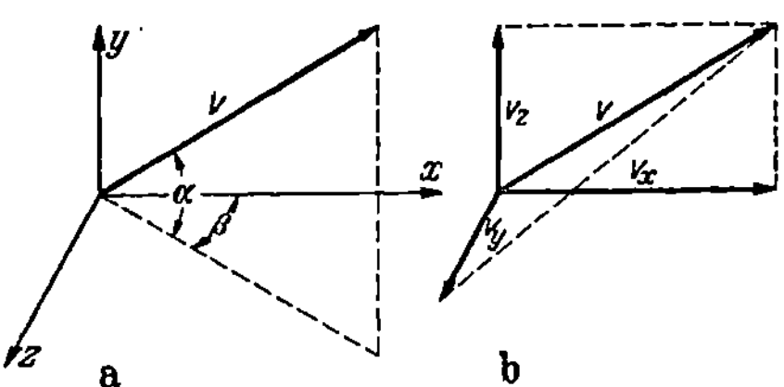

Abb. 1. Darstellung des Vektors „Geschwindigkeit" durch 3 Zahlenangaben mit Hilfe
eines festen Gerüstes (Koordinatenachsen x,
y, z). a) 1 Länge der Strecke und 2 Winkel.
b) 3 Komponenten (Projektionen auf die
festen Achsen).

nach unverändert bei. Dies Gesetz ist eine Abstraktion. Es
werden darin Erfahrungen auf ein Gebiet ausgedehnt, auf dem
es keine Erfahrungen gibt; denn es gibt ja keine Körper, die
sich selbst überlassen sind und die sich in unveränderter Geschwindigkeit immer in derselben Richtung weiterbewegen.

Kraft.

Der volle Sinn dieses Gesetzes erhellt darum erst aus dem
zweiten Gesetz, das sich mit Körpern befaßt, die unter Einfluß von Kräften stehen und darum ihre Geschwindigkeit
ändern. Der Begriff der Kraft ist von Newton nicht neu geschaffen, sondern diente schon im Altertum als Grundlage
einer Wissenschaft, der *Statik.* Die ganze Lehre vom Gleichgewicht der Körper, die technisch wichtigste Lehre von der
Festigkeit der Bauwerke und Maschinen, alles dies ruht auf
dem Kraftbegriff, ohne im allgemeinen mit Bewegung etwas
zu tun zu haben. Wir gewinnen Anschauung von der Kraft nur

durch unsere Muskelempfindungen; es ergibt sich unmittelbar, daß eine Kraft — ebenso wie die Geschwindigkeit — eine bestimmte Intensität (Stärke, Größe) und eine bestimmte Richtung hat. Wenn wir etwa mit einer Handfläche gegen die andere drücken, so verspüren wir gleiche Empfindungen in beiden Armen; wir sagen: es wirken 2 gleichgroße und entgegengesetzt gerichtete Kräfte gegeneinander und halten einander das *Gleichgewicht.*

Und nun übertragen wir diese Erfahrung auf die Natur. Wenn wir etwa einen Gegenstand frei in der Hand halten, so sagen wir: von dem Gegenstand geht eine nach unten wirkende Kraft aus, der wir mit der Kraft unsrer Hand — die gleich groß, aber nach oben gerichtet ist — das Gleichgewicht halten. Wir gehen noch weiter in der Vermenschlichung der Natur; wenn ein Gegenstand auf dem Tisch liegt, so sagen wir: er übt auf die Unterlage eine Kraft aus, die durch eine von der Unterlage entgegenwirkende Kraft ins Gleichgewicht gesetzt wird. Dies ist eine *Vermenschlichung,* ein Hineintragen organischer Empfindungen in die unbelebte Natur und hat darum vielfach Anstoß erregt; man hat auch schon versucht, die Physik von diesem Begriff zu befreien (Hertz 1894). Jedoch solange eine klare Meßvorschrift vorhanden ist, kann man gegen den Begriff selbst nichts einwenden, nur höchstens gegen Vorstellungen, die man sich von den Vorgängen bildet. Und eine solche Meßvorschrift wird durch eine Kraft gewonnen, die auf der Erdoberfläche allgegenwärtig und zeitlich unveränderlich ist, die „*Schwerkraft*", das „Gewicht", welches jeden Körper nach unten, in der Richtung nach dem Erdmittelpunkt, zieht. Wir messen jede Kraft der Größe nach durch dasjenige Gewicht, welchem sie das Gleichgewicht hält, wenn sie in entgegengesetzter Richtung, also nach oben wirkt. Eine lange Reihe von Rechnungen, Zeichnungen, Konstruktionen, Maschinen beruht auf diesen Festsetzungen; der Leser, der mit Technik nichts zu tun hat, sei an die Schulzeit erinnert: „Kräfteparallelogramm, Hebelgesetz, schiefe Ebene usw." Für den Gedankengang dieses Buches brauchen die hiermit zusammenhängenden Fragen nicht weiter verfolgt zu werden.

Beschleunigung; Grundgesetz.

Wirkt eine solche Kraft auf einen Körper (ohne daß sie von einer anderen Kraft ins Gleichgewicht gesetzt wird), so wird die *Geschwindigkeit des Körpers geändert,* und zwar kann dies in vielerlei Weisen geschehen: Ein startendes Flugzeug wird unter Einfluß der Schraubenkraft immer schneller und schneller, seine Geschwindigkeit wird erhöht, es wird *beschleunigt.* Ein Schiff wird nach Abstoppen der Maschinen durch die vom Wasser her wirkende Reibungskraft immer langsamer, es wird verzögert; die „Beschleunigung" ist in diesem Fall negativ. Ein an eine Schnur gebundener Stein (Abb. 2), den wir auf einem Kreis herumführen, wird durch die spannende Kraft der Schnur, die wir in den haltenden Fingern spüren, ständig so beschleunigt, daß zwar die Größe der Geschwindigkeit erhalten bleibt, aber die *Richtung* ständig wechselt; die Kraft wirkt hier — längs der Schnur — senkrecht zur Richtung der Geschwindigkeit; wir sprechen von einer *Normalbeschleunigung.* Die Geschwindigkeitsänderung in der Zeiteinheit, allgemein „*Beschleunigung*" genannt, hat also — ebenso wie die Geschwindigkeit — nicht nur eine Größe, sondern auch eine bestimmte Richtung;

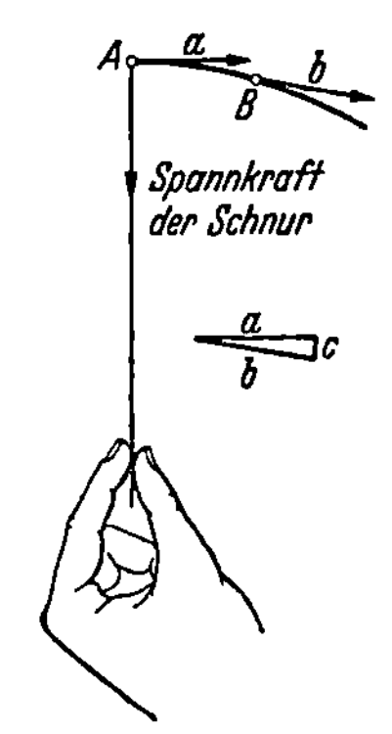

Abb. 2. Kraftwirkung auf einer Kreisbahn.
a Geschwindigkeit vor Durchlaufen des Kreisbahnstückes *A B*. *b* Geschwindigkeit nach Durchlaufen des Kreisbahnstückes *A B*, von gleicher Größe wie *a*, aber anderer Richtung. *c* Geschwindigkeitsänderung infolge Beschleunigung durch Schnurkraft auf Kreisbahnstück *A B.*

auch zu ihrer Feststellung sind daher 3 Zahlenangaben nötig, die durch Messung festgestellt werden können. Um die Beschleunigung zu erhalten, müssen wir die vor und nach einer gewissen kleinen Zeitspanne gemessenen Geschwindigkeiten voneinander abziehen und durch die Zeitspanne dividieren; auf meßtechnische oder mathematische Schwierigkeiten, die dabei auftreten können, brauchen wir hier nicht einzugehen.

Die Beziehung zwischen den so gemessenen Kräften und den durch sie hervorgerufenen so gemessenen Beschleunigungen gibt die an zahllosen Messungen gewonnene Erfahrung. N e w t o n faßte sie zusammen in seinem *zweiten Grundgesetz:* Wirken auf einen und denselben Körper nacheinander verschiedene Kräfte, so ist die Beschleunigung immer in der Richtung gleich und der Größe nach proportional der Kraft (so daß also eine doppelte Kraft eine doppelte Beschleunigung hervorruft). Wirkt dieselbe Kraft auf mehrere Körper, so wird die Beschleunigung um so kleiner, je größer das Gewicht des Körpers ist; das Gewicht ist also ein Maß für den Widerstand, den der Körper der beschleunigenden Kraft entgegensetzt und den man sehr anschaulich als die „*Trägheit*" des Körpers bezeichnet. Die Trägheit eines Körpers ist um so größer, je mehr Materie er enthält, je größer seine „*Masse*" ist. Diese Masse ist offenbar nach dem Gesagten zahlenmäßig meßbar, indem man die Kraft durch die von ihr hervorgerufene Beschleunigung dividiert; daß dabei verschiedene Kraft- bzw. Beschleunigungswerte beim selben Körper immer denselben Wert für die Masse ergeben, ist der Inhalt des 2. Newtonschen Gesetzes, das die einfache Form erhält: *Kraft gleich Masse mal Beschleunigung.*

(Die Masse ergibt sich immer proportional dem Gewicht; diese fundamentale Erfahrung ist der Ausgangspunkt der allgemeinen Relativitätstheorie; für unseren Gedankengang ist sie belanglos.)

Bewegungsgröße.

Newton hat seinem 2. Gesetz eine etwas andere Gestalt gegeben als diese populäre, und zwar durch einen Begriff, der für unsern Gedankengang sehr wichtig und anschaulich ist: die „*Bewegungsgröße*". Die Geschwindigkeit ist ja eigentlich keine mechanische, sondern eine rein geometrische, kinematische, nur aus Raum-Zeitbestimmungen entnommene Größe. Ein leichter Tennisball und ein schwerer Fußball, die mit der gleichen Geschwindigkeit fliegen, sind mechanisch recht verschiedene Dinge — wie etwa der getroffene Kopf schmerzvoll erkennt —; aber ein schneller Tennisball und ein langsamer Fußball, deren Bewegungen durch die Kraft desselben Spielers gleich nachhaltig beeinflußt werden können, sind mechanisch verwandt. Offenbar sind Masse und Geschwindigkeit gleich bedeutungsvoll, und darum erweist es sich als das Einfachste, den mechanischen Zustand eines Körpers durch das Produkt „Masse mal Geschwindigkeit" ($m \cdot v$) zu beschreiben, das man „*Bewegungsgröße*" oder „*Impuls*" nennt. Dann kann man das zweite Gesetz nach Newton so aussprechen: „*Kraft gleich Änderung der Bewegungsgröße in der Zeiteinheit.*" Wirkt keine Kraft, so bleibt die Bewegungsgröße in Größe und Richtung unverändert.

Materieller Punkt.

Aber noch eine weitere Abstraktion ist nötig, wenn wir das Fundament der Mechanik klar vor Augen haben wollen: Wir haben bisher ohne weitere Klarstellung von „Körpern" gesprochen, Newton formuliert seine Gesetze präziser für „*materielle Punkte*". Allgemein ist die Bewegung eines Körpers nichts so Einfaches und Eindeutiges; verschiedene Teile eines bewegten Körpers können verschiedene Geschwindigkeiten haben; denn der Körper kann sich ja außer seiner Bewegung auf der Bahn noch irgendwie drehen. Der mechanische Zustand eines gedrehten Tennisballs ist ein anderer, als der eines drehungslos fliegenden. Die Vorgänge auf der Erde würden ganz anders verlaufen, wenn nicht zu ihrer Bewegung um die Sonne noch die Achsendrehung hinzukäme, derzufolge z. B. die Gegenden am Äquator eine größere Geschwindigkeit haben als die Umgebung der Pole. Auf solche Körper können sich also offenbar die einfachen Newtonschen Gesetze nicht beziehen; daher idealisiert Newton die Objekte seiner Forschung, indem er sie als *ausdehnungslos*, als *Punkte* ansieht, deren einzige Eigenschaft die ist, eine Materie, also Masse zu haben, träge (und schwer) zu sein.

Die dadurch getroffene Einschränkung ist indes nicht so gefährlich, wie sie dem Nichtphysiker zunächst erscheinen mag; sie bedeutet nur so viel, daß man sich für die Drehbewegungen und andere Verschiedenheiten innerhalb des betrachteten Körpers nicht interessiert. Von diesem Gesichts-

punkte aus wird die ganze Erde zum materiellen Punkt, wenn
man ihre Bewegung um die Sonne studiert; denn auf diese
Bewegung haben die Drehung und ähnliche Vorgänge keinen
Einfluß. Der Lauf der Planeten, berechnet als Bewegung
von materiellen Punkten unter Einfluß einer nach der Sonne
hin ziehenden mit dem Quadrat der Entfernung abnehmenden
Gravitationskraft, war das erste Problem der Newtonschen
Mechanik, das eine klare und im Fortschritt der folgenden
Jahrhunderte immer befriedigendere Lösung auf Grund der
Mechanik fand.

Energie.

Ein materieller Punkt ist somit in allen seinen Eigenschaften zu einer bestimmten Zeit beschrieben durch 4 *zahlenmäßig angebbare* Werte: seine Masse (m) und die 3 Komponenten seiner Bewegungsgröße (mv_x, mv_y, mv_z) oder, was
dasselbe ist, durch Masse, den Zahlwert der ganzen Bewegungsgröße (mv) und die 2 Winkel, welche deren Richtung angeben. In der Regel verwendet man aber zu diesem
Zweck an Stelle der Masse einen anderen Begriff, der uns
noch oft begegnen wird: die *Energie*. Es ist zunächst innerhalb der Mechanik ein bloßer Rechenkunstbegriff, durch den
man auf den Begriff der kinetischen Energie $\left(\dfrac{mv^2}{2}\right)$ — d. i.
½ mal Masse mal Quadrat der Geschwindigkeit — geführt
wird; mit Hilfe dieser Größe kann nämlich eine Bilanz des
mechanischen Vorgangs gezogen werden, die vom zeitlichen
Verlauf dieses Vorgangs ganz unabhängig ist. Dies mögen
einige Beispiele klarmachen:

Wird ein Körper in einer gewissen Höhe über dem Erdboden frei gelassen, so wirkt auf ihn die Schwerkraft; er wird
beschleunigt, seine Geschwindigkeit und somit seine kinetische Energie nehmen beim Fall ständig zu. Nun können
wir den Körper aus der gleichen Höhe auch auf einer schiefen
Ebene oder auf einer Spiralbahn oder auf irgendeiner anderen
erzwungenen, *glatten* Bahn herunterrollen lassen (Abb. 3); die
ganze Bewegung von der ursprünglichen Höhe bis zum Erdboden
wird in jedem dieser Fälle eine andere Zeitdauer in Anspruch

nehmen; aber die Endgeschwindigkeit und allgemein die Geschwindigkeit in jeder Zwischenhöhe, somit die kinetische Energie in jeder Zwischenhöhe werden in allen Fällen dieselben sein. Die Geschwindigkeit in jeder Höhe wird bestimmt durch die Anfangshöhe und durch den Teilweg, auf welchem die Schwerkraft den Körper *in ihrer Richtung* bewegt hat. Die der kinetischen Energie entsprechende, aus der Kraft und diesem Teilweg einfach (durch Multiplikation) zu berechnende Größe nennt man die *Arbeit.* Die Schwerkraft leistet Arbeit beim Fall des Körpers, und durch diese Arbeit — deren Größe von der Zeitdauer des Vorgangs gar nicht abhängt — wird die kinetische Energie erhöht. Umgekehrt wird beim Auf-

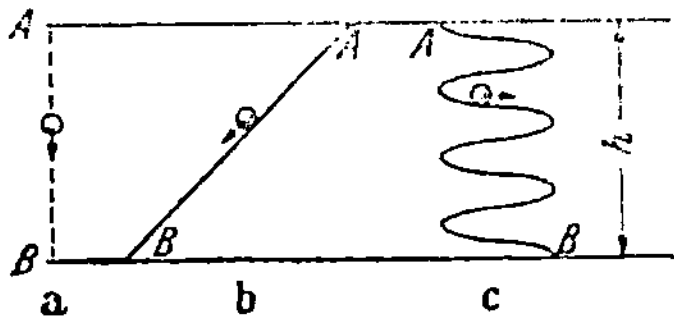

Abb.3. Durchfallen einer Höhe h (Teilweg der Bewegung in Richtung der Schwere) in verschiedenen Fällen: a) Freier Fall, b) Schiefe Ebene, c) Spirale. Falldauer verschieden, Endgeschwindigkeit (in B) gleich.

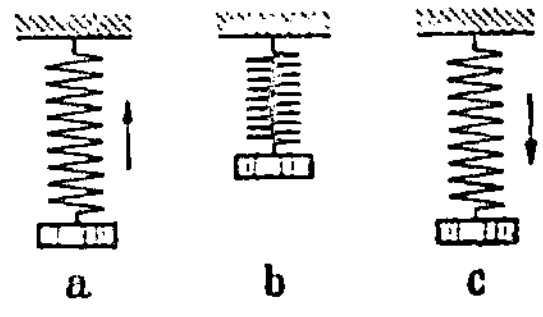

Abb. 4. Feder. a) Gewicht angestoßen; kinetische Energie. b) Gewicht in Ruhe; Feder zusammengedrückt; kinetische Energie Null; „potentielle Energie" gleich der kinetischen Energie bei a). c) Bewegung entgegengesetzt a); kinetische Energie dieselbe wie bei a).

stieg eines geworfenen Körpers Arbeit gegen die Schwerkraft geleistet — wir können auch sagen: „die Schwerkraft leistet negative Arbeit" — und dadurch die anfängliche kinetische Energie vermindert. Dieser Zusammenhang gibt unmittelbar die von allem zeitlichen Verlauf unabhängige eindeutige Beziehung zwischen Geschwindigkeit und Höhe.

Dasselbe Spiel können wir leicht an einer Feder beobachten, an welcher ein Gewicht schwingt: Stößt man das ruhende Gewicht an — etwa nach oben —, so erteilt man ihm eine anfängliche kinetische Energie; durch die Bewegung wird die Feder zusammengedrückt und leistet mit ihrer gegen die Bewegung wirkenden elastischen Kraft „negative" Arbeit, welche die kinetische Energie aufzehrt. Ist das Gewicht in seiner obersten Lage (b in Abb. 4) zur Ruhe gekommen, so ist die Feder aufs äußerste gedrückt; die kinetische Energie ist Null, aber die Federkraft kann jetzt in ihrer Richtung (d. i nach unten) Arbeit leisten; durch diese Arbeit wird wieder kinetische Energie erzeugt, und zwar bis zu dem Betrag, mit welchem die ganze Bewegung in der Mittellage begonnen hat und welche gerade in der Mitte wiedergewonnen wird. Dasselbe Spiel beginnt auf der anderen Seite. An einem Pendel kann sich der Leser leicht dieselben Verhältnisse ohne weiteres deutlich machen.

Als ein weiteres Beispiel diene uns noch ein Flugzeug im *Schleifenflug* (Abb. 5): Das Flugzeug gleitet mit anfangs mäßiger, aber durch die Arbeit der Schwere wachsender Geschwindigkeit nach unten; durch diese Erhöhung der Geschwindigkeit wird der Auftrieb (die Tragkraft der Flügel) gesteigert, das Flugzeug wieder emporgehoben; durch diese Bewegung entgegen der Schwerkraft vermindert sich die kinetische Energie und somit die Geschwindigkeit wieder, bis der Auftrieb nur noch gerade groß genug ist, um das Flugzeug so auf den Kreismittelpunkt hin zu beschleunigen, wie dies bei einer Kreisbewegung nötig ist (s. S. 9). Das so fliegende Flugzeug rückt im ganzen gegen links in der Abbildung vor; denn die Geschwindigkeit ist unten größer als oben, und zwar gerade um den Betrag, der aus der Steigerung der kinetischen Energie durch die Arbeit der Schwere zwischen oben und unten leicht errechnet werden kann.

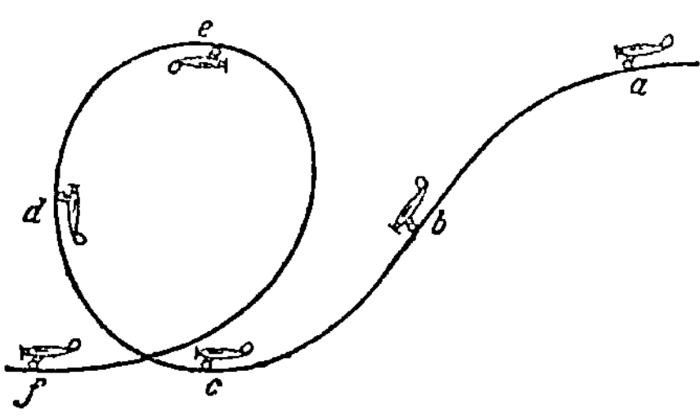

Abb. 5. Schleifenflug; *a* normales Gleiten; *b* steiler Sturz; Geschwindigkeit und kinetische Energie wachsen; *c* rascher Horizontalflug; *d* Anstieg; Geschwindigkeit und kinetische Energie nehmen ab; *e* Rückenflug mit kleiner, den Absturz gerade hindernder Geschwindigkeit.

Bei Besprechung des Energiebegriffs müssen wir nun gleich einen Gesichtspunkt hervorheben, der uns später häufiger begegnen wird. Man spricht von „*Erhaltung der Energie*"; welchen Sinn hat dieser Begriff? Bei unseren Beispielen des

geworfenen Körpers und der zusammengedrückten Feder
drängt sich die Auffassung auf, daß immer dann, wenn die
kinetische Energie zu Null geworden ist, in dem mechanischen
System eine besonders große und numerisch durch die ver-
schwundene kinetische Energie ausdrückbare Fähigkeit zur
Arbeit entsteht, die wieder vollständig in kinetische Energie
umgesetzt wird, wenn man den Ablauf des Vorgangs nicht
unterbricht. In der zusammengedrückten Feder, und ebenso
in dem in seiner Gipfelhöhe verweilenden geworfenen Körper steckt gewissermaßen eine andere Art Energie, die aus
kinetischer Energie gewonnen und wieder in kinetische
Energie verwandelt werden kann. Man nennt diese aufge-
speicherte Energie die „*potentielle Energie*" und spricht den
Energiesatz der Mechanik in der Form aus: „Die Gesamtenergie, die sich aus kinetischer und potentieller Energie
additiv zusammensetzt, bleibt bei dem ganzen mechanischen
Vorgang konstant." Beim Zusammendrücken der Feder setzt
sich kinetische in potentielle Energie um, beim Auseinandergehen bis zur ursprünglichen Lage umgekehrt; beim weiteren
Auseinandergehen wird wieder potentielle auf Kosten kinetischer Energie gewonnen usw.

Durch diese übersichtliche Fassung des Energiesatzes darf
man sich aber *nicht irreführen* lassen; sie ist innerhalb der
mechanischen Vorgänge, die wir bisher betrachtet haben, nicht
allgemein berechtigt. Wenn der geworfene Körper wieder auf
die Erde fällt und da liegenbleibt, wo sind dann kinetische
und potentielle Energie? Wenn ein Körper auf einer Unterlage gleitet, etwa ein Schlittschuhläufer auf dem Eis, ohne
daß er durch eine Kraft angetrieben wird, so kommt er nach
und nach zur Ruhe; die Reibung zehrt die kinetische Energie
auf; aber es entsteht dadurch keine potentielle Energie. Die
Energie ist nicht erhalten geblieben, sondern verlorengegangen — solange wir nur die mechanischen Vorgänge betrachten. Vom höheren, physikalischen Gesichtspunkte aus
finden wir die verlorene Energie wieder als *Wärme*. Der
Boden, wo der Körper niedergefallen ist, ebenso die Schlitt-
schuhe und die Eisbahn sind um so wärmer geworden, je
mehr kinetische Energie verlorengegangen ist. Aber — hier

sind wir schon weit weg von unsrer Bewegung des materiellen Punktes und stoßen auf eine physikalische Erscheinung — und zwar auf eine Erscheinungsgruppe von großer Ausdehnung —, die durch die Mechanik und somit durch unser Bild des materiellen Punktes zunächst keineswegs erfaßt wird. Wir werden aber in kurzem sehen, daß dies wirklich nur „zunächst" der Fall ist.

Mechanik als Grundlage.

Wir haben nun eine Grundlage physikalischer Naturbetrachtung gewonnen: *Die Körperwelt besteht aus materiellen Punkten, welche sich unter Einfluß von Kräften, die ihrerseits von materiellen Punkten ausgehen, nach dem Newtonschen Gesetz „Änderung der Bewegungsgröße gleich Kraft" bewegen.* Vor uns steht das Problem, die Vielheit der physikalischen Erscheinungswelt als Vielfältigkeit von Erscheinungen, die nach diesem einfachen Gesetz verlaufen, zu erkennen. Kann die ungeheure Verschiedenheit der Vorgänge nur in verschiedenartigen Kraftgesetzen und Bewegungen unter deren Einfluß ihren Ursprung haben? Kann dies einfache Bild genügen, um mit etwas mathematischer Kunst die physikalische Welt zu erkennen und zu berechnen? Das zu glauben, scheint Vermessenheit, und doch haben es 2 Jahrhunderte geglaubt. Durchstreifen wir also das Reich der Physik und sehen wir zu, wo unser Bild Erkenntnisse fördert und die Rätsel löst, und wo es versagt!

Himmelsmechanik.

Wir haben sowohl historisch, als auch nach der Größe des Gegenstandes mit der Bewegung der Himmelskörper zu beginnen; dieses Problem war der Ausgangspunkt von Newton, die Lösung sein größter Triumph und durch die Jahrhunderte der Gegenstand immer neuer Bewunderung und immer neuen Staunens des Menschengeistes vor seinem eigenen Können.

Aus der — als Erfahrungstatsache hingenommenen — Erkenntnis, daß *alle materiellen Punkte* sich proportional ihrer Masse und umgekehrt proportional dem Quadrat ihrer gegenseitigen Entfernung *anziehen,* folgen nach den Bewegungsgesetzen der materiellen Punkte zunächst die *Keplers*chen Gesetze, welche die Bewegung der Planeten um die Sonne und der Trabanten um die Planeten beschreiben; es folgen aber weiter auch richtig — und zwar mit der ungeheuren Genauigkeit der astronomischen Berechnungen — die Störungen, welche von der gegenseitigen Anziehung der Planeten herrühren; es folgen auch richtig die Bewegungen von Doppelsternen, die in unvorstellbarer Entfernung von unserm Sonnensystem offenbar den gleichen Gesetzen gehorchen. Als der Lauf des Uranus den Gesetzen zu widersprechen schien, da schloß man auf das Vorhandensein eines unbekannten Planeten und fand ihn — Neptun — an der Stelle des Himmels, wo man ihn nach den Gesetzen erwartete. Diese *Entdeckung* eines unbekannten Himmelskörpers *nach der Theorie* durch Adams und Leverrier (1845) hat mit Recht ungeheuren Eindruck auf Mit- und Nachwelt gemacht; sie zeigte, daß man ein Bild von der Natur hatte, das weit hinausreichte über die Einzelerscheinungen, an denen die Erfahrungen gewonnen waren, daß man also ein gutes Stück der Natur „erkannt" hatte. Die Entdeckung des Pluto vor einigen Jahren verlief ganz ähnlich.

Mechanik ausgedehnter Körper.

Aus den Bewegungsgesetzen des materiellen Punktes lassen sich zunächst die Bewegungsgesetze für alle ausgedehnten Körper ableiten. Dazu bedarf es nur der Ergänzung der Newtonschen Grundgesetze (Axiome) durch ein weiteres: *Zu jeder Kraft gehört eine gleichgroße und entgegengesetzte Gegenkraft.* Wenn meine Hand auf den Tisch drückt, so übt der Tisch denselben Druck auf meine Hand aus; wenn die Sonne durch eine Gravitationskraft auf die Erde wirkt, so wirkt eine ebenso große Gravitationskraft von der Erde auf die Sonne; nur weil die Sonnenmasse so viel größer ist als die Erdmasse, ist die Bewegung (Beschleunigung) der Sonne so unmerkbar gering. Wenn Münchhausen sich mit der Hand am Schopf packt, so zieht wohl die Kraft seiner Hand den Schopf nach oben, aber eine vom Schopf ausgehende Kraft zieht die Hand ebenso stark nach unten, und darum kommt auch der gesamte

Körper, zu dem Hand und Schopf und andere belanglose Teile gehören, durch diese Maßnahme nicht aus dem Sumpf.

Nach unserem Materie-Bild besteht nun jeder Körper aus sehr vielen materiellen Punkten, d. h. aus so kleinen Teilen, daß deren Bewegung durch die Bewegungsgesetze des materiellen Punktes vollständig beschrieben werden. Diese einzelnen materiellen Punkte üben aufeinander Kräfte aus, durch die sie beim starren festen Körper in bestimmter gegenseitiger Lage gehalten werden, beim elastischen Körper (etwa Gummi) einer Auseinanderziehung oder Zusammendrückung widerstreben, bei einer Flüssigkeit einer Verschiebung keinen Widerstand, einer Zusammendrückung sehr großen Widerstand entgegensetzen u. dgl. Diese Kräfte treten nach dem Grundaxiom immer paarweise, als 2 gleiche, entgegengesetzt gerichtete Kräfte auf, und diese Tatsache genügt schon, um wichtige Aussagen über die Bewegung ausgedehnter Körper zu erhalten. Es würde zu weit führen, hier einen Überblick über die Methoden und Ergebnisse der Mechanik zu geben; dies würde wohl auch die meisten Leser langweilen und vom wesentlichen Problem — der Tragweite unseres Bildes der materiellen Welt — ablenken. Nur einige Hinweise sollen zur Illustrierung dienen:

Wenn mehrere Körper oder Teile von Körpern aufeinander Kräfte ausüben, aber keine Kräfte von außen her — d. h. von nicht mit betrachteten Körpern her — wirken, so können die Bewegungsgrößen der *einzelnen* Körper sich während der Bewegung irgendwie ändern, aber *die Summe aller Bewegungsgrößen* (der Größe und der Richtung nach) bleibt immer *unverändert;* es gibt einen Punkt von bestimmter Lage in einem Körper oder in bestimmter Lage gegenüber den einzelnen betrachteten Körpern, den sog. „*Schwerpunkt*", der sich genau verhält wie ein materieller Punkt von der Masse der Körper. So wird begriffen, warum große Körper wie die Planeten sich in ihrer Bewegung um die Sonne wie materielle Punkte verhalten; wir verfolgen bei der Messung eben nur den Weg ihrer Schwerpunkte.

Stoß.

Wenn zwei rollende Billardkugeln zusammenstoßen, so
wirken keine äußeren Kräfte, sondern nur die Druckkräfte,
mit denen sie sich beim Zusammenprall abstoßen; die Geschwindigkeiten nach dem Stoß sind andre als vorher; so
z. B. wenn eine von 2 gleichen Kugeln ruht, die andere dagegen stößt, kommt die erste in Bewegung, die letztere bleibt
liegen, aber die Summe der beiden Bewegungsgrößen ist vor
und nach dem Stoß dieselbe. Immer bleibt hier die *Bewegungsgröße im Ganzen erhalten;* auch wenn eine Kugel
gegen eine feste Wand stößt und zurückprallt, so daß sie eine
entgegengesetzt gerichtete Geschwindigkeit erhält, bleibt die
Bewegungsgröße erhalten; denn die Wand mitsamt der
Erde, an der sie festgemacht ist, bekommt eine Geschwindigkeit in der ursprünglichen Stoßrichtung; nur ist diese Geschwindigkeit — da ja nicht die Geschwindigkeit, sondern die
Bewegungsgröße erhalten bleibt — im Verhältnis der Kugel-
masse zur Erdmasse klein gegen die Kugelgeschwindigkeit
und darum unmeßbar klein.

Die Bewegungsgröße bleibt in derselben Weise erhalten,
wenn an Stelle der elastischen Billardkugel eine *plastische*
Lehmkugel tritt, die an der Wand kleben bleibt; aber die
Energiebeziehung ist eine andere. Im Falle der Billardkugeln treten beim Stoß Kräfte auf, welche die Billardkugeln deformieren, etwa abplatten; diese Kräfte sind aber
elastische, sie machen die Abplattung vollkommen rückgängig; die Arbeit, welche durch Vernichtung der kinetischen
Energie gewonnen wurde, wird restlos wieder aufgewendet,
um den Kugeln kinetische Energie zu erteilen; die kinetische
Energie ist nach dem Stoß ebenso groß wie vorher; Wärme
tritt nicht auf. Beim Stoß der Lehmkugel wird kinetische
Energie verbraucht, um den Lehm in andere Form zu bringen; aber nichts wird wiedergewonnen, die Energie geht
mechanisch verloren und tritt als Wärme an der Stoßstelle
in Erscheinung.

Dies sei ein Beispiel für die Anwendung der Mechanik auf
kompliziertere Vorgänge; die ganze Welt der bewegten Kör-

per kann auf Grund der Bewegungsgesetze des materiellen
Punktes erfaßt werden; daß es ungeheurer Arbeit und größter
Genialität bedurfte und heute noch bedarf, um diese Erfassung zu vollenden und praktisch auszunutzen, ist für uns
jetzt ohne Bedeutung. Wie tief diese Forschungen doch schon
in die Natur eindringen, mag man sich an so seltsamen Erscheinungen wie den Bewegungen des Kreisels klarmachen;
wie geheimnisvoll scheint es z. B., daß ein Kreisel, dessen
Achse horizontal gehalten wird, sich immer nach Norden
einstellt und die Ost-Westrichtung verlassen muß. Auch können wir nicht daran denken, eine derartige Erscheinung hier
ohne das schöne Verständigungsmittel der Mathematik klarmachen zu wollen. Und doch ist sie nur das Ergebnis der
Newtonschen Beziehungen, angewandt auf einen aus materiellen Punkten bestehenden *starren* Körper, der in rascher
Drehbewegung begriffen ist. Über die Kräfte zwischen den
materiellen Punkten, die den Kreisel aufbauen, braucht dabei
gar nichts angenommen zu werden, als daß sie die Punkte
fest an eine bestimmte gegenseitige Lage binden, die bei der
Bewegung unverändert bleibt.

Kräfte zwischen den Teilchen.

Das Naturbild, in welchem die Welt aus materiellen Teilchen aufgebaut erscheint, ist ganz unbestimmt in bezug auf
die Kräfte, welche zwischen den Teilchen wirken; nur daß
immer Kraft und Gegenkraft vorhanden sind, gilt allgemein.
Als reine *Erfahrungstatsache* hat Newton das *Gravitationsgesetz* angenommen, wonach alle materiellen Punkte sich
gegenseitig anziehen, und zwar um so stärker, je näher sie
einander rücken (umgekehrt proportional dem Quadrat der
Entfernungen). Dieses Gesetz wird von der Erfahrung wunder-
bar bestätigt an Körpern, die sehr weit voneinander entfernt
sind. Daß es bei beliebig kleinen Entfernungen nicht vollständig sein kann, liegt auf der Hand; es muß noch eine andere
Wirkung von Materie auf Materie bei Annäherung vorhanden
sein, und man beschrieb diese zunächst am einfachsten durch
den Begriff der *Undurchdringlichkeit*. Man stellte sich die

kleinsten materiellen Teilchen schließlich doch als eine Art
fester Kugeln vor — wobei man eine Anschauung aus der alltäglichen Welt einfach auf alle noch so kleinen Teilchen über-
trug —, die wohl zusammenstoßen, einander berühren, aber
nicht ineinander eindringen können. Anders ausgedrückt: bei
Annäherung von 2 materiellen Punkten aneinander müssen zu
den anziehenden Kräften abstoßende hinzutreten, die in gewissen Entfernungen gerade die anziehenden kompensieren, in
noch kleineren Entfernungen diese überwiegen, so daß materielle Punkte in gewissen gegenseitigen Lagen im Gleichgewicht
sind. Außerdem könnten Kräfte wie die Gravitation bei weitem
nicht ausreichen, um die starken Kräfte, welche einen festen
Körper zusammenhalten, zu erklären. Man muß sich also vorstellen, daß bei Annäherung von kleinsten Teilchen aneinander
ein komplizierteres Kraftgesetz in Erscheinung tritt, das nicht
nur von den Massen der Teilchen, sondern von ihrer spezifischen, einstweilen nicht weiter bekannten Natur herrührt.

Für wichtige Klassen von Körpern genügen einfache Annahmen über diese Kraftgesetze: Die ganze Bewegungslehre
starrer Körper wird aufgebaut aus der Anschauung, daß die
Kräfte zwischen den einzelnen Teilchen groß genug sind, um
jede Lagenänderung zwischen den Teilchen zu verhindern.
Die Lehre von den elastischen Körpern, auf der ein großer
Teil unserer Technik beruht, geht von der Annahme aus, daß
bei jeder Deformation eines festen Körpers, also bei Verschiebung der einzelnen Teilchen gegeneinander, Kräfte hervorgerufen werden, die diese Verschiebung rückgängig machen
wollen und um so größer werden, je größer man die Verschiebung macht. Bei Flüssigkeiten nimmt man an — natürlich auf Grund von Erfahrung —, daß die Verschiebung der
Teilchen gegeneinander keine Kräfte hervorruft, solange keine
Volumänderung damit verbunden ist. Einer Volumänderung
— d. h. Zusammendrückung oder Ausdehnung — setzen sich
aber Kräfte vom Charakter der elastischen Kräfte entgegen.
Bei Gasen endlich scheint eine Kraft aufzutreten, die auf Ausdehnung hinarbeitet. Auf dieser Grundlage wird auch das
ganze Gebiet der *Schallvorgänge* restlos verstanden, von denen
in anderem Zusammenhang ausführlicher die Rede sein wird.

Alle diese Kraftgesetze werden in der Mechanik aus der Erfahrung übernommen, und zwar in tunlichst einfacher Form. Vom Standpunkt der Naturerfassung aus bleibt aber das Problem, wie diese Kräfte — und dazu womöglich die nicht rein mechanisch wirksamen, wie die elektrischen oder die chemischen — als verschiedene Formen einer einzigen Kraft angesehen werden können. Newton hat diese Frage abgewiesen und einfach erklärt, er bilde keine Hypothesen; trotzdem hat auch er die Annahme einer *Kraft,* die durch den leeren Raum hindurch in die *Ferne wirkt,* als befremdend und unbefriedigend empfunden. Diese Unbefriedigung ist in späteren Zeiten, besonders durch die im nächsten Kapitel zu behandelnden Gedankengänge, noch stärker geworden. Man hat sogar versucht, die Gravitationskraft zu „erklären" durch die Annahme, daß überall im Weltraum nach allen Richtungen Teilchen von sehr kleiner Masse mit sehr großer Geschwindigkeit fliegen und die getroffenen Körper in ihrer Flugrichtung stoßen; liegt aber in irgendeiner Richtung von dem gestoßenen Körper (etwa der Erde) ein anderer (etwa die Sonne), so werden die aus dieser Richtung kommenden Teilchen abgefangen; die Sonne schirmt also die Erde ab; aus ihrer Richtung wirkt keine abstoßende Kraft, und die aus allen anderen Richtungen wirkende Abstoßung erscheint uns wie eine Anziehung von der Sonne her.

Solche Vorstellungen sind phantastisch und werden hier nur als Beispiel dafür angeführt, wie der wissenschaftliche Geist nach groben, aus der alltäglichen Erfahrung genommenen Bildern sucht, um sich die Naturvorgänge klarzumachen. Die Undurchdringlichkeit der Körper, die für dies Bild wesentlich ist, scheint faßlicher als die Wirkung in die Ferne. Aber „faßlicher" ist uns nur das, was wir mehr gewöhnt sind. Wir können von der Natur nicht verlangen, daß ihre Gesetze sich in Bilder fassen lassen, die aus unserer Alltäglichkeit genommen sind. Wir sind heute auch nicht mehr so sehr der Fernwirkung abgeneigt. Könnten wir ein großes Fernkraftgesetz finden, das alle Wirkungen der Teilchen aufeinander beschriebe, so wäre das ein außerordentlich befriedigendes Naturbild; die verschiedenen speziellen Annahmen, die eben geschildert wurden, sind aber ebensoviel Probleme. Auf dem Weg zu ihrer Lösung hat die Theorie Erfolge und Mißerfolge zu verzeichnen, mit denen wir uns nun beschäftigen müssen.

Kinetische Gastheorie.

Reicht das Naturbild, welches nach der Theorie der Bewegung materieller Punkte gebildet ist, über die Erscheinungen der Mechanik, der Bewegung von Körpern hinaus? Das ist die Frage, der wir uns nun zuwenden müssen.

Hier hat das 18. Jahrhundert schon einen sehr entscheidenden Schritt nach vorwärts getan; D. Bernoulli (1738) zeigte schon, daß man die Eigenschaften von Gasen als mechanische Wirkung sehr vieler einzelner frei herumfliegender Teilchen, der sog. „*Moleküle*", auffassen kann. Seine Gedanken sind allerdings erst ein Jahrhundert später von Krönig (1856) und Clausius (1857) weiterverarbeitet worden. Wir denken uns (Abb. 6) eine Gas-

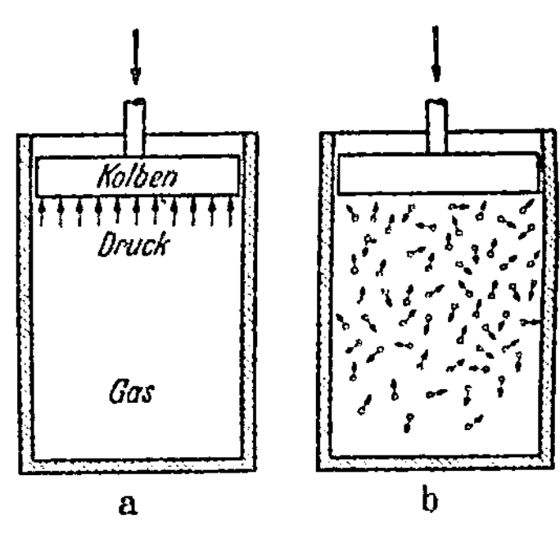

Abb. 6. Gasdruck auf Kolben. a) Druck wird größer, wenn Gasdichte größer wird oder Gastemperatur höher wird. b) Stoß der Moleküle überträgt auf Kolben um so mehr Bewegungsgröße, je mehr Moleküle in der Zeiteinheit zum Stoß kommen und je größer die Geschwindigkeit der Moleküle ist.

menge in einem Gefäß durch einen Kolben abgeschlossen; dann müssen wir auf den Kolben eine Kraft ausüben, um ihn in seiner Lage zu halten; das Gas sucht sich auszudehnen und drückt von innen auf den Kolben. Dieser Druck wird um so größer, je dichter das Gas ist; er wächst also, wenn wir den Kolben tiefer in das Gas stoßen. Er ist außerdem um so größer, je höher die Temperatur des Gases ist. Diese Beobachtungen enthalten die wesentlichen Eigenschaften der Gase [1]).

---

[1] Dies gilt für sog. „ideale Gase"; alle Stoffe erhalten diese Eigenschaften bei einer Temperatur, die hoch genug liegt über einer bestimmten sog. „kritischen" Temperatur, bei der ein Übergang vom gasförmigen in den flüssigen Zustand möglich ist.

Wir würden nun aber genau dieselben Erscheinungen beobachten, wenn wir in unserm Gefäß eine sehr große Anzahl
sehr stark verkleinerter Billardkugeln hätten, die sich mit
großer Geschwindigkeit (etwa 400 m/s) nach allen Richtungen
hin regellos bewegen (Abb. 6). Wie wir oben (S. 19) gesehen
haben, wird beim Stoß gegen eine Wand (also auch gegen den
Kolben) und beim Rückprall Bewegungsgröße auf die Wand
übertragen; die Wand würde fortgestoßen, wenn nicht eine
Kraft sie im Gleichgewicht hielte. Oder anders ausgedrückt
(der Leser mag sich aussuchen, welche Ausdrucksweise ihm
besser eingeht): Beim Rückschlag wird die Bewegungsgröße
des Moleküls geändert; dies kann nur durch eine Kraft geschehen, die von der Wand auf das Molekül ausgeübt wird
und nach dem Innern des Gases gerichtet ist; die dazu-
gehörige Gegenkraft wirkt vom Molekül auf die Wand als
Druck nach außen. Je mehr Moleküle in der Zeiteinheit auf
die Wand stoßen, und je größer ihre Bewegungsgröße ist,
um so größer muß der gesamte von der Wand aufzuneh-
mende Druck sein. Die *Zahl der Moleküle wächst* aber mit
der *Dichte* des Gases, so daß unsere eine Grundtatsache
richtig herauskommt. Wird die *Geschwindigkeit* der Moleküle
gesteigert, so treffen erstens in derselben Zeit mehr Moleküle auf die Wand, zweitens ist ihre Bewegungsgröße sowie
deren Änderung und somit die Druckwirkung auf die Wand
größer. Daraus folgt — da die beiden Einflüsse zusammen
eine Wirkung nicht proportional der Geschwindigkeit, sondern proportional dem Quadrat der Geschwindigkeit ergeben —, daß mit wachsender *kinetischer Energie* der Moleküle der Gasdruck proportional wächst. Für den inneren Zustand des Molekülhaufens bei bestimmtem Volumen erweist
sich also die kinetische Energie als maßgebend, ebenso wie
für den inneren Zustand des Gases die Temperatur maßgebend ist. Die Theorie identifiziert die beiden Größen und
faßt somit die *Temperatur* eines Gases als ein *Maß der kinetischen Energie* seiner Moleküle auf. Damit ist der erste
Schritt getan zur *Erfassung einer Wärmeerscheinung*, also
eines nicht mechanischen Vorgangs *durch die Mechanik* und
sogar durch ein Bild, in welchem an Stelle des etwas abstrak-

ten Begriffs des materiellen Punktes der greifbare Begriff eines kleinen Körperchens (Moleküls) tritt. Da wir es im folgenden nicht immer mit Molekülen zu tun haben, wollen wir gleich allgemeiner solche kleine Körperchen als „Korpuskeln" und unser Naturbild als das „*Korpuskelbild*" bezeichnen.

Wärmeleitung und Reibung.

Natürlich muß man sich nicht vorstellen, daß alle Moleküle die gleiche Geschwindigkeit haben — bisher haben wir auch noch keinen Grund zur Annahme, daß sie alle gleiche Masse haben —; was durch die Temperatur gemessen wird, ist vielmehr ein Mittelwert der von Molekül zu Molekül verschiedenen kinetischen Energie. Da die Moleküle in rascher Bewegung und sehr zahlreich sind, werden sie oft zusammenstoßen und dabei ihre Geschwindigkeit ändern, ohne daß die mittlere Bewegungsgröße und kinetische Energie ihren Wert ändern. Diese *Zusammenstöße* sind eine Folgerung der Theorie; sie müssen ihre Wirkung haben. Läßt sich eine solche Wirkung voraussehen, berechnen und dann experimentell finden, dann hat die Theorie eine Bestätigung erfahren und sich als fruchtbar erwiesen. Ist dies nicht der Fall, so bleibt sie ein Gedankenspiel; es ist zwar befriedigend, daß dies Gedankenspiel eine Verbindung zwischen Mechanik und Wärmelehre herstellt; aber erst die Fruchtbarkeit kann es zum Rang einer Theorie erheben und dem Korpuskelbild das größere Gebiet wirklich erschließen.

Diesen Schritt tat erst M a x w e l l, nachdem vorher schon andere schwierige Vorarbeit in der mathematischen Berechnung geleistet hatten. Ein Gas (Abb. 7) habe in verschiedenen Schichten verschiedene Temperatur; etwa von unten nach oben fallend; das bedeutet nach der kinetischen Theorie, daß die einzelnen Moleküle in den unteren Schichten größere Geschwindigkeit haben als in den oberen. Die Richtung der Molekülbewegung ist aber ganz regellos; also bleiben die Moleküle mit großer Geschwindigkeit nicht alle in der unteren Schicht, sondern gehen zum Teil nach oben und erhöhen die mittlere kinetische Energie der oberen Schichten; umgekehrt kommen Moleküle von oben nach unten, wo sie eine Verminderung der

mittleren kinetischen Energie hervorrufen. Durch die regellose
Bewegung der Moleküle, die nur durch Zusammenstöße mit
anderen Molekülen gehemmt ist, wird also eine Vermischung,
ein Ausgleich erreicht; die kinetische Energie wird vermindert, wo sie groß, erhöht, wo sie klein ist. Ist das Korpuskelbild der Gase richtig, so muß also die Temperatur der heiße-
ren Schichten sinken, die der kälteren steigen; diese sehr bekannte Erscheinung nennt man *Wärmeleitung*. Die kinetische
Gastheorie erfaßt sie und kann sie qantitativ berechnen; aber
in dieser Rechnung kommen Größen vor, die nicht unmittelbar meßbar sind, nämlich die Anzahl und Größe der Moleküle und der Weg zwischen zwei Zusammenstößen.

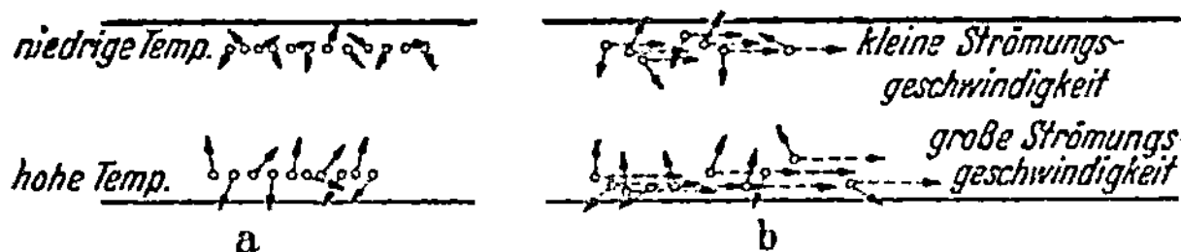

Abb. 7. Wärmeleitung und Reibung. a) Ein Teil der Moleküle großer Geschwindigkeit fliegt nach oben; ein Teil der Moleküle kleiner Geschwindigkeit
fliegt nach unten. b) Ein Teil der Moleküle mit großer Strömungsgeschwindigkeit fliegt nach oben; ein Teil der Moleküle mit kleiner Strömungsgeschwindigkeit fliegt nach unten. (- - -➤ systematische Strömungsgeschwindigkeit.)

Es gibt aber noch einen anderen Vorgang, der durch denselben Mechanismus geschaffen wird: Wenn das Gas strömt,
und etwa die unteren Schichten schneller strömen als die
oberen, so heißt das nach unsrer Theorie, daß zu der regellosen Bewegungsgröße eine systematische in Richtung der
Strömung liegende Bewegungsgröße hinzutritt, die sich bei
allen Molekülen auf die regellose überlagert. Diese systema-
tischen Bewegungsgrößen nehmen nun die Moleküle mit sich
aus einer Schicht in die andere, und die Folge muß sein, daß
Teilchen mit höherer Strömungsgeschwindigkeit in die oberen
langsameren Schichten dringen und umgekehrt. Es muß sich
zeigen, daß die langsameren Schichten beschleunigt, die
schnelleren verzögert werden; auch diese Erscheinung ist
wohlbekannt als Wirkung der *Reibung* (oder Zähigkeit). *Derselbe Mechanismus* ruft also nach der Theorie *Reibung und
Wärmeleitung* hervor; wenn die Theorie richtig ist, muß

zwischen beiden Vorgängen eine Beziehung bestehen; die Theorie erkennt die beiden Erscheinungen als Äußerungen einer einzigen Erscheinung. Diese von Maxwell gefundene Beziehung hat sich an der Erfahrung bestätigt und damit der kinetischen Gastheorie, der *Erfassung der Gaseigenschaften aus dem Korpuskelbild* heraus, ein sehr festes Fundament gegeben.

Der Ausbau des Bildes zur Darstellung des *flüssigen und festen* Zustandes der Materie gelingt bis zu einem gewissen Grad, aber nicht mit dem durchschlagenden Erfolg der Gastheorie. Durch die Annahme endlicher, undurchdringlicher Sphären um die materiellen Punkte und eines Anziehungsgesetzes von beliebiger Form bei gegenseitiger Annäherung gelang es v. d. Waals (1873), den Übergang vom gasförmigen zum flüssigen Zustand gut darzustellen. Bei festen Körpern muß man sich die einzelnen Punkte nicht frei beweglich, sondern an feste Lagen gebunden denken, wie etwa das Gewicht an der Feder in Abb. 4. Auch diese Auffassung hat Bestätigung durch Folgerungen gefunden, die an der Erfahrung geprüft werden konnten; sie versagt aber auch in einigen Folgerungen, vor allem bei tiefer Temperatur, und erfährt darum eine starke Umänderung durch die neueren Forschungen, von denen unten ausführlich die Rede sein wird.

Gestärkt und vertieft wird die Korpuskeltheorie hauptsächlich durch zwei große Ideenkreise, auf die wir nun noch einzugehen haben:

Atomlehre.

Der Begriff des materiellen Punktes, der Korpuskel, gewinnt größere Bestimmtheit durch die Erkenntnis, daß alle *kleinsten Teile* eines chemisch einheitlichen Körpers *völlig gleich* sind; bisher haben wir ja über die Massen der einzelnen Korpuskeln, auch im Gas, nichts ausgesagt. Nun haben die Naturforscher am Anfang des 19. Jahrhunderts erkannt, daß die chemischen Erfahrungen schwerlich anders gedeutet werden können als durch das Vorhandensein kleinster untereinander völlig gleicher Teilchen jedes chemischen Stoffes (Dalton 1808, Avogadro 1811). Das sog. „*Gesetz der multiplen*

Proportionen" (Dalton 1802), das eine ungeheure Menge chemischer Erfahrungen zusammenfaßt und auch heute noch durch keine Erfahrung durchbrochen wird, besagt nämlich, daß 2 Stoffe sich nur in ganz bestimmten Verhältnissen verbinden können. So z. B. gibt es eine ungezählte Menge von Verbindungen, welche Wasserstoff und Sauerstoff allein oder neben anderen Stoffen enthalten; wenn man nun mißt — wie, kümmert uns hier nicht —, wie groß die Massenanteile der beiden Stoffe in einem analysierten Körper sind und diese Massenanteile vergleicht, so findet man nicht jedes beliebige Verhältnis, sondern nur $1:16$ oder $2:16$ oder $1:32$ oder $3:32$ und dergleichen. Immer entspricht einem ganzen Vielfachen von 1 als Masse des Wasserstoffs ein ganzes Vielfaches von 16 als Masse des Sauerstoffs. Die *Atomlehre* deutet diesen Sachverhalt so: Alle chemisch einheitlichen Körper bestehen aus sehr kleinen, unter sich völlig gleichen Teilchen, den *Molekülen;* diese Moleküle enthalten eine bestimmte, je nach der Art des Körpers verschiedene Anzahl von kleinsten Teilen der Grundstoffe (oder Elemente), die wir *Atome* nennen. Wieviel Masse z. B. ein Atom Wasserstoff hat, wissen wir zunächst nicht; die chemischen Erfahrungen können darüber nichts aussagen. Aber wir können die Massenverhältnisse der Atome aus den chemischen Analysen bestimmen und finden z. B., daß das Sauerstoffatom die 16fache Masse des Wasserstoffatoms hat. Im Wasser tritt 1 Sauerstoffatom mit 2 Wasserstoffatomen zu einem Molekül Wasser zusammen; in jeder Menge Wasser beträgt also die Menge (durch die Masse gemessen) des Sauerstoffs $16/18$, die Menge des Wasserstoffs $2/18$.

Man kann nicht sagen, daß der Schluß von dem Gesetz der multiplen Proportionen auf die Existenz der Atome unbedingt zwingend ist — es haben sich immer wieder gewichtige Stimmen dagegen erhoben —; doch wird es nicht leicht sein, ein anderes Bild zu finden, das so einfach und klar die Verhältnisse darstellt; und in der organischen Chemie, wo man auch die Raumlagerung der Atome im Molekül in Betracht ziehen muß, haben alle Folgerungen aus dem greifbaren Bild der unter sich gleichen, im Raum zusammentreffenden Atome sich bewährt und große neue Entdeckungen zutage gefördert. Es kann hier nicht darauf eingegangen werden.

Durch die Atomlehre gewinnt die Auffassung der Gase als Haufen frei fliegender Teilchen einen viel klareren und einleuchtenderen Charakter. Umgekehrt kann die Gastheorie einen erheblichen Beitrag zur Atomlehre leisten. Zunächst finden wir bei Gasen die Verhältnisse der Atommassen wieder; wenn nämlich in 2 Gefäßen nach Abb. 6 Wasserstoff und Sauerstoff unter den gleichen Bedingungen gehalten werden, bei gleichem Volumen unter gleichem, durch die Kolbenbelastung erzeugtem Druck und gleicher Temperatur, so muß infolge der gleichen Temperatur die kinetische Energie der Moleküle in beiden Gefäßen die gleiche sein; dabei ist der Druck nur dann der gleiche, wenn die Anzahl der Moleküle im abgeschlossenen Raum beidemal dieselbe ist (nach der Überlegung S. 23). Dann müssen sich aber die Massen der beiden Gase verhalten wie die Gewichte der Moleküle, also wie 1 : 16, da das Wasserstoff- und das Sauerstoffmolekül gleich viel Atome (nämlich 2) enthalten. Dies ist nun in der Tat der Fall, und man hat damit die beste Methode zur Bestimmung der relativen Atomgewichte in der Hand.

Größe der Atome.

Die Gastheorie liefert aber darüber hinaus auch eine Methode, um die Größe der Atome zu bestimmen; auch diese läßt sich wohl dem Nichtphysiker klarmachen: Die Erscheinungen der Wärmeleitung und Reibung hängen offenbar von der Häufigkeit ab, mit der ein Molekül in einer zu durchfliegenden Schicht mit einem anderen Molekül zusammenstößt, und diese Häufigkeit ist proportional der Anzahl der Moleküle und der Fläche, die ein Molekül dem Stoß bietet, d. i. dem *Quadrat* seines Durchmessers. Wenn andererseits die Moleküle alle so dicht zusammengepackt werden, wie dies möglich ist — und dies muß im flüssigen Zustand ungefähr der Fall sein —, so ist das Volumen einer bestimmten Menge proportional der Anzahl der Moleküle und dem Volumen eines Moleküls, d. i. der *3. Potenz* seines Durchmessers. Aus beiden Angaben kann man die Anzahl und den Durchmesser eines

Moleküls und somit auch die Masse eines Moleküls bestimmen. Man findet:

Anzahl der Moleküle im Kubikzentimeter Gas bei Atmosphärendruck und 0^0 C: $2{,}70 \cdot 10^{19}$ (27 Trillionen);

Masse des Wasserstoffatoms: $1{,}66 \cdot 10^{-24}$ g ($1{,}66$ Quadrillionstel Gramm);

Geschwindigkeit eines Wasserstoffmoleküls bei 0^0 C: etwa 1800 m/s.

Wärme als Erscheinung der Korpuskelmechanik.

Schon die Deutung der Gastemperatur als Maß der kinetischen Energie der Gasmoleküle zeigt, daß die Wärmeerscheinungen grundsätzlich für die Korpuskulartheorie erfaßbar sind. Erst mehrere Jahrzehnte nach Erkenntnis dieser Beziehung ist aber der Zusammenhang (R. Mayer 1842, Joule 1840/43) gefunden worden, der allgemein zwischen Wärme und mechanischer (d. h. potentieller und kinetischer) Energie besteht. Überall da, wo mechanische Energie verlorenzugehen scheint, also wo etwa kinetische Energie verschwindet ohne Aufspeicherung von Arbeit, aus welcher sie wiedergewonnen werden könnte, entsteht Wärme, und zwar ist die entstehende „Wärmemenge" genau proportional der verschwindenden Energie. Die Wärmemenge ist eine zahlenmäßig bestimmte, z. B. durch die Menge schmelzenden Eises meßbare Größe der Wärmelehre, die Energie eine ebensolche zahlenmäßig meßbare Größe der Mechanik. Die beiden Größen sind ineinander umwechselbar wie etwa zwei verschiedene Geldsorten; man muß nur den Wechselkurs kennen — er heißt „das *mechanische Wärmeäquivalent*" —, und diesen lernt man kennen, wenn man ein einziges Mal einen Wechselvorgang genau, d. h. zahlenmäßig beobachtet.

Diese Umwechslungsmöglichkeit besagt natürlich noch nicht, daß die Wärmevorgänge mechanische Erscheinungen und somit durch die Korpuskulartheorie erfaßbar sind. Es können sich vielmehr zwei Anschauungen bilden, die sich in der Tat in den letzten Jahrzehnten des vorigen Jahrhunderts zeitweise sehr schroff gegenüberstanden:

1. Die „*Atomistiker*" vertraten konsequent die Korpuskulartheorie; die Wärmeerscheinungen rühren danach, wie die Gastheorie zeigt, von den mechanischen Bewegungen der Atome
bzw. Moleküle her. Als Wärmemenge beobachten wir die
kinetische und potentielle Energie der irgendwie aneinander
gebundenen Moleküle und die Energie der Atome im Molekül.
Damit erfährt der Energiesatz (der „1. Hauptsatz der Wärmelehre") eine einfache Deutung aus der Korpuskelmechanik
heraus, deren Energiesatz (s. S. 12 f.) durch diese Auffassung
ein Satz von der „Erhaltung der Energie" wird. Auch die
übrigen Erscheinungen hoffte man so erfassen zu können.

2. Die „*Energetiker*" wiesen auf die vielen, nicht unmittel-
barer Erfahrung entsprungenen Elemente in der Korpuskulartheorie hin; die Atome und selbst die materiellen Punkte
seien noch nie gesehen worden; man könne eine Physik ohne
solche phantastischen Annahmen aufbauen, wenn man als tief-
gründigste Gesetze diejenigen der Wärmelehre annehme, insbesondere den Energiesatz; auch die Mechanik lasse sich aus
der Annahme verschiedener Energiearten konsequent ableiten.

Aus diesem Streit gingen die Atomistiker als Sieger hervor;
aber die Argumente der Energetiker sind doch so interessant
und haben schließlich auch die Atomistik so stark befruchtet,
daß wir trotz gedanklicher Schwierigkeit auf diese Anschauungen eingehen müssen:

Problem der Unumkehrbarkeit.

Die Wärmeerscheinungen verlaufen nämlich in einer Hinsicht grundsätzlich anders als die mechanischen: sie verlaufen
unumkehrbar, in *einem* bestimmten Sinn. Wenn zwei Körper
mit verschiedenen Temperaturen sich berühren, so gleichen
sich die Temperaturen aus; Wärme geht von dem wärmeren
auf den kälteren Körper über, *nie* umgekehrt. Natürlich kann
man einen komplizierten Mechanismus bauen, mit Hilfe dessen
man den kälteren Körper immer weiter abkühlt, den wärmeren immer mehr erwärmt; aber dabei muß man in andern
Teilen des Mechanismus um so mehr Wärme von höherer zu
niederer Temperatur leiten. Potentielle und kinetische Energie
können, wie wir gesehen haben, restlos ineinander übergehen;

die einmal in Wärme übergegangene Energie kommt aber nie
wieder vollkommen in andere Form zurück. Und daß dem
wirklich so ist, daß dies nicht nur an der Ungeschicklichkeit
der Menschen liegt, sondern nach Naturgesetzlichkeit so sein
muß, ist der wesentliche Inhalt des sog. „2. *Hauptsatzes der
Wärmelehre*".

In allen Vorgängen der Wärme liegt eine Tendenz zum Ausgleich, zur Nivellierung; Übertemperaturen an einzelnen Stellen
eines Körpers nehmen ab, bis alle Teile gleiche Temperatur
haben; die strahlende Sonne gibt Wärme ab, bis sie auf die
Temperatur des Weltalls erkaltet ist, wie der Mond; überträgt
man diese Gesetzmäßigkeit auf das Weltall, so kommt man
zu der viel diskutierten Auffassung des „*Wärmetodes*", dem
die Welt durch Erkalten der Sonnen und gleichmäßige
(sehr geringe) Erwärmung aller im Weltraum verstreu-
ten Materie entgegengehen muß.

Man begeht als Laie bei Vergleichung dieser Vorgänge mit mechanischen leicht einen Fehler, indem
man etwa den Ausgleich zwischen zwei verschiedenen
Temperaturen mit dem Fall des Wassers von höherem

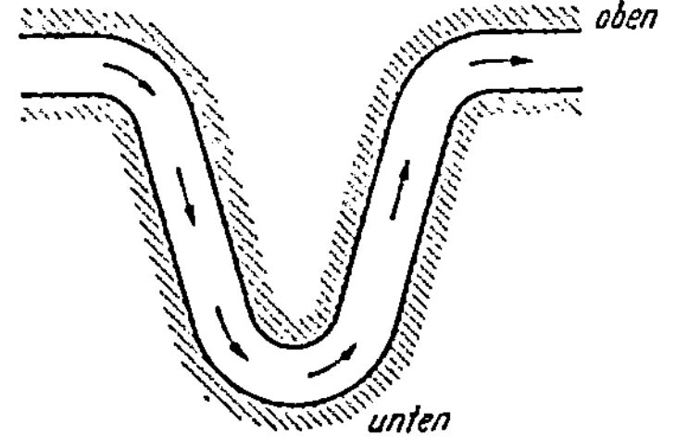

Abb. 8. Vertikale Wasserströmung
zwischen Wänden. Solange von Reibung
abgesehen werden kann, strömt das
Wasser ebensoviel nach oben wie nach
unten.

auf niedrigeres Niveau vergleicht oder etwa die Entspan-
nung einer gespannten Feder als eine Analogie dazu ansieht.
Wenn Wasser von höherem Niveau herabfällt, so gewinnt
es kinetische Energie, und diese kinetische Energie kann
zur Wiederhebung des Wassers verwendet werden. Wenn
wir einmal der Anschaulichkeit wegen alle Reibung beiseite lassen, so strömt das Wasser in dem Röhrensystem
der Abb. 8 ebensoviel nach oben wie nach unten. Erst
wenn durch Reibungskräfte kinetische Energie in Wärme
umgewandelt wird, also erst wenn die Wärme mit ins Spiel
kommt, tritt der Ausgleich auf, den wir etwa bei einem

Wasserfall beobachten. Die sich entspannende Feder kommt keineswegs zur Ruhe; sie schwingt vielmehr durch die Ruhelage hindurch und weiter hin und her, indem ständig kinetische Energie in potentielle übergeht und umgekehrt; der Vorgang verläuft abwechselnd in den beiden Richtungen, ist also ganz umkehrbar. Wenn der Wagen der Achterbahn in der Höhe sich selbst überlassen wird, so fährt er nach unten; er fährt aber auch wieder nach oben, ohne daß neue Energie von außen zugeführt wird. Wieder ist es nur die relativ kleine Reibung, die nach und nach die kinetische Energie des Wagens verzehrt. Beim Ausgleich zweier Temperaturniveaus kann es ein solches zeitweises Wiederansteigen des Temperaturunterschiedes, wie es dem zeitweisen Aufwärtsfahren des Wagens entspricht, nicht geben.

Wenn wir in der Mechanik von Reibungskräften und dergleichen sprechen, so ist das ein Ansatz zum praktischen Rechnen, mit welchem wir das Auftreten von Wärmeerscheinungen in der Energiebilanz erfassen. Für die einzelne Korpuskel gibt es keine Reibungskräfte; sonst müßte ja das einzelne Atom warm oder kalt sein können; es müßte sich auch die Atombewegung nach und nach erschöpfen und somit jeder Körper sich solange abkühlen, bis alle Atome in Ruhe wären. Dies ist absurd; wenn also eine Korpuskeltheorie die Wärmeerscheinungen erfassen will, so darf sie nur aus der Annahme anziehender und abstoßender Kräfte zwischen den Atomen (bzw. Molekülen) die Ausgleichsvorgänge der Wärmelehre — die ganz gegen den Geist der Mechanik zu gehen scheinen — ableiten.

Atomistische Auffassung der Unumkehrbarkeit.

Die Lösung dieses Problems durch die Atomistiker (Boltzmann 1877) machen wir uns am leichtesten an den Stoßvorgängen klar. Beim vollkommen *elastischen* Stoß (Abb. 9a) gibt der stoßende Körper seine Energie an eine Schar *wohldisziplinierter* Moleküle ab, die alle mit der gleichen, durch ihre elastische Bindung hervorgerufenen Bewegung das geschenkte Gut wieder restlos zurückgeben. Stößt aber nun derselbe Körper (den wir nur als Ganzes betrachten) in eine *Lehm-wand* (Abb. 9 b), so trifft er einen regellosen Haufen von Mole-külen, von denen jedes in andrer Weise mit seinem Nachbarn zusammenhängt; jedes nimmt sein gewonnenes Stück Energie mit sich und teilt davon seinen Nachbarn aus. Wohl kommt bei dieser Gelegenheit auch wieder etwas Energie in den stoßen-den Körper zurück, aber nur als regellose kinetische Energie seiner Moleküle; diese regellos verteilte Energie in den bei-den Körpern empfinden wir als Wärme. Da die einzelnen Moleküle, die unmittelbar oder mittelbar Energie erhalten haben, mit immer mehr Molekülen in Wechselwirkung treten, verteilt sich die Energie auf immer mehr Teilnehmer; schließ-

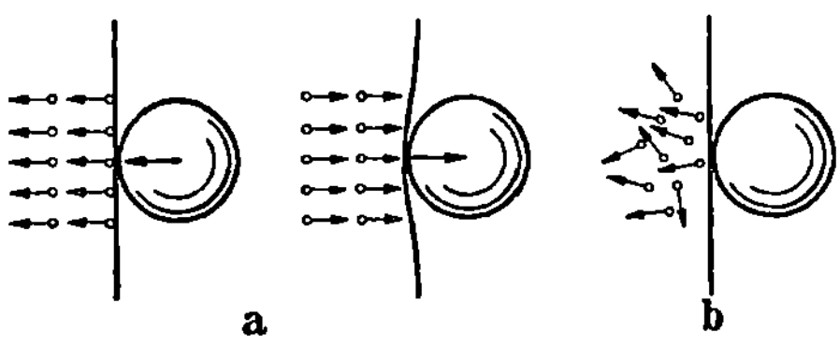

Abb. 9. Elastischer (*a*) und unelastischer (*b*) Stoß. a) Regelmäßig gebunden kehren die Moleküle wie Gewichte an Federn (Abb. 4) um und geben elastisch die erhaltene Energie zurück. b) Regellos wird die gewonnene Energie von den Lehmmolekülen aufgenommen und weitergegeben.

lich bleibt eine gleichmäßige und infolgedessen praktisch kaum merkbare Temperaturerhöhung übrig.

Es könnte nun grundsätzlich so sein, daß auch im zweiten Fall alle Moleküle gerade so gelagert und gebunden wären wie beim vollkommen elastischen Körper, und daß darum auch im 2. Fall der stoßende Körper zurückgeworfen würde. Ver-gleichen wir die Moleküle im einen Fall mit Soldaten unter bestimmtem Kommando, im anderen mit Menschen von indi-viduellem Interesse ohne jede Parole! Dann könnte es wohl sein, daß das Zusammenwirken auch im zweiten Fall so gut wäre wie im ersten; dies ist aber *äußerst unwahrscheinlich,* besonders da es sich ja um eine so ungeheure Zahl von Indi-viduen handelt. Und damit sind wir bei einem neuen Begriff angelangt, der für unser Problem von fundamentaler Wichtig-keit ist.

Nach der atomistischen Vorstellung besteht unter gewöhnlichen Bedingungen ein durch Wände abgeschlossener Raum von 1 ccm Sauerstoff aus 27 Trillionen Molekülen von je 53 Quadrillionstel Gramm Gewicht, die sich mit verschiedenen Geschwindigkeiten bewegen; aber die Geschwindigkeit hat bei 0° C einen Mittelwert von etwa 420 m/s. In jeder Sekunde stößt also jedes Molekül ungeheuer oft mit anderen Molekülen zusammen; es wechselt also sehr rasch nicht nur seinen Ort, sondern auch seine Geschwindigkeit; nur die Summe aller kinetischen Energien muß immer denselben Wert haben, solange keine Energie durch die Wände eintritt oder verlorengeht. Es könnte nun vorkommen, daß einmal alle Moleküle gleichzeitig in der linken Hälfte des Gasraumes wären, während die andere Hälfte leer wäre; es könnte auch vorkommen, daß einmal die ganze kinetische Energie auf ein Molekül käme, während alle anderen in Ruhe wären, wenn auch nur den kleinsten Bruchteil einer Sekunde lang, in dem noch eine Beobachtung möglich wäre. Aber man stelle sich vor, wie selten ein solcher Fall eintreten kann; demgegenüber wäre es ja ungeheuer wahrscheinlich, daß man den Haupttreffer der Lotterie 10mal hintereinander gewänne. Der Mathematiker kann ausrechnen, wie lange man ein Gas beobachten müßte, um einen solchen Ausnahmefall feststellen zu können; die Zeit geht über das Lebensalter des Sonnensystems weit hinaus.

Die Antwort der Atomistik auf das Problem der Unumkehrbarkeit lautet also: Die Wärmeerscheinungen sind, da sie ganz auf die Mechanik der Korpuskeln zurückführbar sind, *gar nicht grundsätzlich unumkehrbar;* der Übergang der Wärme vom Körper niedrigerer zum Körper höherer Temperatur kann auch vorkommen, und alle damit zusammenhängenden Vorgänge sind *nicht grundsätzlich ausgeschlossen. Es ist nur ungeheuer unwahrscheinlich* daß einmal die außerordentlich vielen Einzelindividuen, nämlich die Moleküle, von selbst solche Zustände annehmen, die nicht dem allgemeinen mittleren Ausgleich sehr nahe liegen. Die Gleichgewichtszustände der Wärmelehre, so z. B. die Gleichheit der Temperatur zweier sich berührender Körper, sind *nicht die einzigen* Zustände, die eintreten können; sie sind nur die *weitaus wahrscheinlichsten* Zustände. Es geht ständig durch die Wirkungen der Moleküle aufeinander Wärme von einem der beiden Körper auf den anderen über; es kommt z. B. durchaus vor, daß einmal eine größere Anzahl Moleküle vom ersten Körper so mit Molekülen des zweiten zusammenstoßen, daß diese viel Energie gewinnen; dadurch wird der zweite Körper wärmer, der erste kälter — was ja nach der Wärmelehre überhaupt nicht möglich sein sollte. Nur ist der Temperaturgewinn in den meisten Fällen — und das kann man genau ausrechnen — so klein, daß eine Beobachtung ausgeschlossen ist.

Die *Energetik* sieht in dem Zustand gleicher Temperatur zweier sich berührender Körper einen *unveränderlichen* Gleichgewichtszustand; die *Atomistik* nimmt ein ständiges *Schwanken* des Zustandes an, wobei aber stets der Gleichgewichtszustand *näherungsweise* erfüllt ist; größere Abweichungen davon kommen vor, aber so selten, daß sie sich der Beobachtung entziehen.

Brownsche Bewegung.

So hat das Korpuskelbild seine Fähigkeit, die Wärmeerscheinungen darzustellen, erwiesen; aber der Schlußstein dieses Bauwerks fehlte noch, solange nicht die Schwankungen um den Gleichgewichtszustand der Beobachtung zugänglich gemacht waren. Daß längst bekannte Erscheinungen so gedeutet werden müssen und so direkt einen Anhaltspunkt zur Berechnung der Molekülgrößen liefern können, zeigten erst im Anfang des 20. Jahrhunderts Smoluchowski und Einstein (1905). Wenn eine große Kugel in einem Schwarm von ganz kleinen, regellos verteilten Kugeln liegt, so bekommt sie ständig Stöße von allen Richtungen her und wird selbst in Bewegung kommen. Und zwar wird sie sich im Mittel auch nicht anders verhalten als die kleinen Kugeln; sie wird im Mittel eine kinetische Energie haben, die gerade so groß wie die kinetische Energie jeder kleinen Kugel ist; nur natürlich ist bei gleicher kinetischer Energie die Geschwindigkeit der großen Kugel sehr viel kleiner als die Geschwindigkeit

der kleinen Kugeln. Setzen wir nun an Stelle der großen
Kugel einen sichtbar großen Körper, an Stelle der kleinen
Kugeln die Moleküle, so ist die Masse des Körpers so groß
gegenüber der Molekülmasse, daß man die regellose Bewegung des Körpers nicht beobachten kann, obwohl deren kinetische Energie gleich derjenigen der Moleküle ist. Anders
wenn der gestoßene Körper immer kleiner genommen wird;
ultramikroskopisch sichtbare Teilchen sind zwar immer noch
groß gegen Moleküle, aber das Verhältnis ist nicht mehr so
ungeheuer, daß nicht die Bewegung eines solchen Teilchens

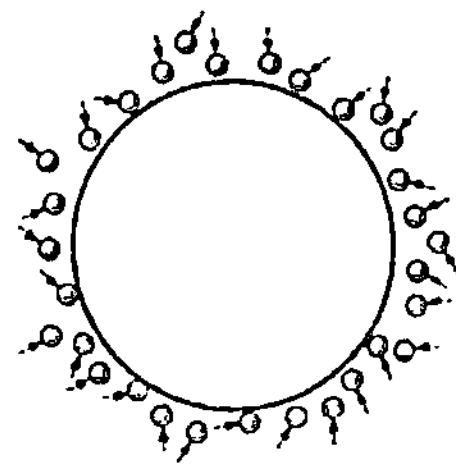

Abb. 10. Brownsche Be-
wegung. Großer Körper, von
sehr vielen kleinen regellos
gestoßen, kommt selbst in
kleine regellose Bewegung.

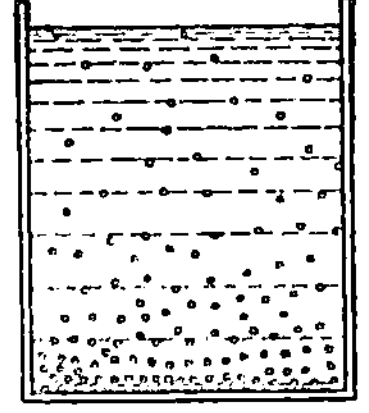

Abb. 11. Suspension in einer Flüssigkeit. Die
Teilchen einer Suspension, die klein genug
und nur wenig spezifisch schwerer als die
Flüssigkeit sind, liegen nicht alle am Boden,
sondern sind durch die ganze Flüssigkeit
mit nach oben abnehmender Konzentration
verteilt.

im Ultramikroskop sichtbar würde. Und in der Tat beobachtet man, wenn man etwa einen Tropfen chinesischer Tusche
in Wasser bringt und ein einzelnes Tuscheteilchen im Ultramikroskop verfolgt, eine regellose Bewegung von wechselnder Geschwindigkeit und Richtung. Diese Bewegung wird
nach dem Botaniker, der sie (1828) zuerst an Pflanzensporen
beobachtete, die *Brownsche Bewegung* genannt.

Nach der Wärmelehre ohne Atomistik müßte ein solches
relativ großes Teilchen, das wir als spezifisch schwerer als die
Flüssigkeit annehmen, immer am Boden liegen; denn diese
Lage allein entspricht vollem Ausgleich; es könnte sich nicht
anders verhalten als irgendein andrer schwerer Körper. Bei
einer Suspension sehr vieler solcher Teilchen in einer Flüssig-

keit findet man aber nur die meisten Teilchen am Boden oder
in Bodennähe; aber man findet immer auch eine gewisse Anzahl in allen andern Schichten, und zwar um so weniger, je
höher über dem Boden.

Diese Beobachtungen stehen im *Widerspruch mit der rein
energetischen Auffassung*, zeigen die Berechtigung der atomistischen Ideen, geben darum der Korpuskulartheorie eine
mächtige Sicherheit. Die daraus berechneten Molekülgrößen
bestätigen die Abschätzungen nach der Gastheorie.

Zusammenfassung: Das Naturbild, nach welchem die materielle Welt aus Korpuskeln besteht, die sich nach den
Newtonschen Gleichungen bewegen und Kräfte aufeinander
ausüben, beschreibt richtig die Bewegung der Himmelskörper
und der Körper in verschiedenen Aggregatzuständen, beherrscht
die Wärmeerscheinungen und führt zum Verständnis der Natur der Gase, sowie zu Hinweisen auf die Natur der flüssigen
und festen Körper. In seiner Präzisierung durch den Atom-
begriff bildet es die Grundlage der Chemie und liefert Erkenntnisse über die kleinsten Teile, welche die Körperwelt
aufbauen.

Diese Vorstellungen müssen notwendig ergänzt werden
durch den Begriff von Fernkräften, die von Korpuskel auf
Korpuskel durch den leeren Raum hindurch wirken.

Zweites Kapitel.

Das Feldbild.

Korpuskulartheorie des Lichtes.

Auch die optischen Erscheinungen ließen sich noch zu
Newtons Zeit auf Grund einer Korpuskulartheorie auf-
fassen, und kein Geringerer als Newton selbst vertrat diese
Anschauung in seiner sog. „*Emanationstheorie*“ (1672, 1704).
Dabei waren die Kenntnisse gerade durch Newtons Arbeiten
schon recht tiefgründige.

Die einfachste optische Erscheinung, welche geradezu eine
Korpuskeltheorie zu fordern scheint, ist die *geradlinige Aus-*

breitung des Lichtes, am klarsten deutlich zu machen aus der Erscheinung des Schattens. Wir finden Licht da, wo eine geradlinige Verbindung zur Lichtquelle möglich, Dunkelheit, wo eine solche unmöglich ist[1]). Wir können ein schmales Lichtbündel, einen „Strahl", herausblenden und seinen geraden Verlauf etwa durch 2 Blenden oder durch ein trübes Medium (Sonnenstrahl in staubiger Luft) feststellen. Daß sich das Licht längs eines solchen Strahls fortpflanzt und eine gewisse, wenn auch sehr kleine Zeit zum Weg zwischen zwei Punkten braucht, wurde zuerst durch O. Roemer (1676) ganz klargestellt; er beobachtete, daß die Umlaufszeit der Jupitermonde sich mit wachsendem Abstand Erde—Jupiter zu vergrößern, bei Annäherung zu verkleinern schien, machte dafür den größeren bzw. kleineren Weg des Lichtes verantwortlich und fand für die Lichtgeschwindigkeit den Wert $3 \cdot 10^{10}$ cm/s (0,3 Millionen km in der Sekunde). Diese Geschwindigkeit geht ja weit über jede an irdischen Körpern bekannte hinaus, aber sie ist eine endliche, bestimmte Größe; daher liegt es auch nach dieser Erkenntnis nahe, an Lichtkorpuskeln von solcher mechanischer Bewegungsgeschwindigkeit zu denken. Über Masse und Bewegungsgröße der Lichtkorpuskeln konnte die Emanationstheorie nichts aussagen, da alle damit zusammenhängenden Messungen viel zu schwierig für die damalige Zeit waren.

Der Emanationstheorie fügten sich ohne weiteres die einfachen Erscheinungen der Reflexion und der Brechung, die wohl als dem Leser bekannt angesehen werden können. Man muß annehmen, daß auf die Lichtkorpuskeln beim Eindringen aus dem leeren Raum in die Oberfläche eines Körpers Kräfte wirken, und zwar abstoßende und anziehende; da sehr viele Teilchen des Körpers in gleicher Weise wirken, müssen sich die Wirkungen auf eine Lichtkorpuskel aufheben, sobald sie von allen Seiten herkommen; dies ist ganz der Fall im Innern des Körpers und, für die Teilbewegung parallel zur Oberfläche, auch in der Nähe der Oberfläche. Die Abstoßung muß man sich in der Art des elastischen Stoßes denken; auch eine Bil-

---

[1]) Wir werden unten sehen, daß diese Beobachtung nicht uneingeschränkt richtig ist.

lardkugel prallt von der Wand so zurück, daß die beiden in Abb. 12a bezeichneten Winkel gleich werden. Eindringende Korpuskeln, auf die eine Anziehung wirkt, werden in der Richtung senkrecht zur Oberfläche beschleunigt, so daß die *Lichtgeschwindigkeit im Innern des Körpers größer wird als im leeren Raum*. Das Licht wird also im Innern eine andere Richtung haben als vorher, und zwar wird es (Abb. 12b) „zum Lot gebrochen". Diese Brechung ist um so stärker, je größer

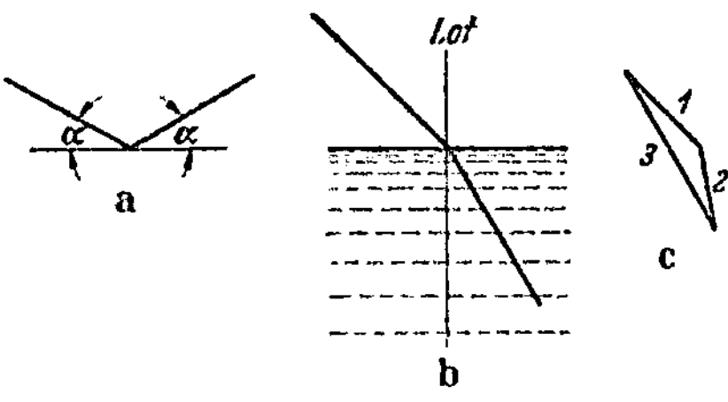

Abb. 12. Reflexion und Brechung in der Korpuskeltheorie, a) Reflexion. b) Brechung zum Lot. c) 1. Geschwindigkeit im leeren Raum. 2. Zuwachs infolge Anziehung von Materialteilchen, einseitig wirksam nur in Oberflächenschicht. 3. Resultierende Geschwindigkeit im „optisch dichteren" Medium.

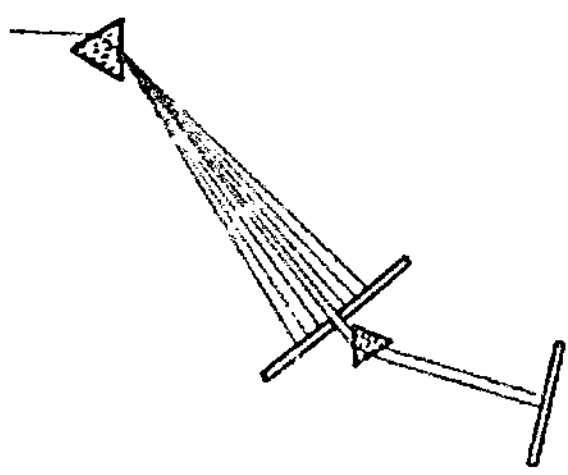

Abb. 13. Spektrum. Das 1. Prisma zerlegt das weiße Licht in ein Farbenspektrum; das 2. Prisma zerlegt einen aus dem Spektrum herausgeblendeten Strahl nicht weiter.

die „optische Dichte" ist, die aber keineswegs mit der materiellen Dichte Hand in Hand gehen muß.

Unangenehm ist an dieser Theorie, daß die Wirkung der Oberflächenschicht auf die gleichen Lichtkorpuskeln verschieden sein kann, abstoßend oder anziehend; Newton fand aus seinen Versuchen, daß hier ein grundsätzlicher Charakterzug der Lichtkorpuskeln zutage tritt. Zunächst entdeckte er die Verschiedenheit der Brechung für *verschiedenfarbiges* Licht; die Tatsachen der spektralen Zerlegung des weißen Lichts können wohl hier als bekannt vorausgesetzt werden; gerade sie legten Newton die korpuskulare Natur der Lichterscheinungen nahe. Die Lichtkorpuskeln sind eben seiner Ansicht nach unter sich verschieden; auf verschiedene Korpuskeln wirken die Teilchen desselben brechenden Körpers verschieden ein, so daß verschieden starke Brechung auftritt, und dadurch im Spek-

trum die verschiedenartigen Korpuskeln voneinander getrennt
werden (Abb. 13). Newton fand aber noch eine Erscheinung,
die ihn zwang, eine besondere *Struktur der Lichtkorpuskeln*
anzunehmen: Fällt von oben Licht einer bestimmten Farbe
— wie es etwa durch leuchtendes Natrium ausgesandt wird —
auf die Anordnung der Abb. 14, die aus einer ebenen und
einer sanft gewölbten Glasoberfläche, die sich in der Mitte
berühren, besteht, so sieht man nicht eine gleichmäßige Be-

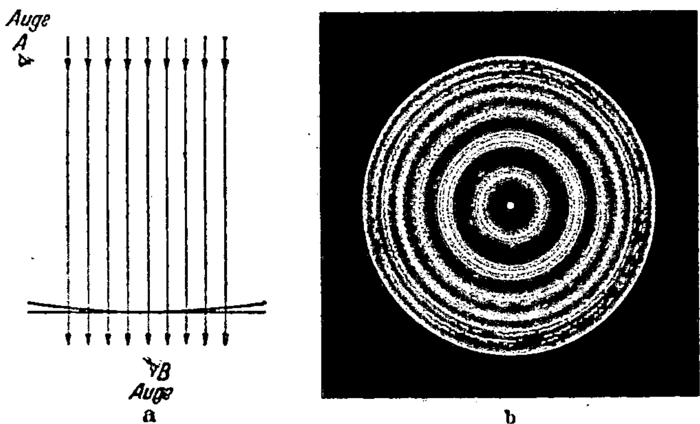

Abb. 14. Newtonsche Ringe. a) Anordnung. b) Bild für das Auge B. Auge A
sieht das komplementäre Bild zu dem des Auges B.

leuchtung, sondern konzentrische, abwechselnd helle und
dunkle Ringe, und zwar sowohl im reflektierten (Auge A), als
auch im durchgehenden Licht (Auge B); die dunklen Stellen
für A fallen mit den hellen Stellen für B zusammen und umgekehrt.

Für diese Beobachtung gab Newton folgende Erklärung:
Wenn Lichtkorpuskeln auf eine Fläche — etwa die ebene
Oberfläche der Abb. 14 — fallen, so können sie eindringen
oder reflektiert werden; welcher der beiden Fälle eintritt,
hängt vom *momentanen Zustand* der Lichtkorpuskel ab. Bei
der Anordnung Abb. 14 wird durch das erste gekrümmte
Glas und die Länge der danach frei durchlaufenen Strecke
eine bestimmte Ordnung in diesen Zuständen — Newton
nennt sie „*Anwandlungen*" — erzwungen. Die Lichtkorpuskeln

dringen — wie die Messung zeigt — in die untere Glasplatte ein (und werden von B gesehen), wenn die Luftschichtdicke, die zwischen den beiden Gläsern durchlaufen wurde, Null oder das 2fache, 4fache, 6fache usw. einer *bestimmten meßbaren Länge* ist; sie werden reflektiert, wenn die Luftschichtdicke das 1fache, 3fache, 5fache usw. derselben Länge ist. Man kann sich vorstellen, daß diese Länge oder die Zeitdauer, die zum Durchlaufen nötig ist, mit Vibrationen oder Drehungen der Lichtkorpuskel zusammenhängt (N e w t o n lehnt es auch hier ab, phantastische Vorstellungen einzuführen). Jedenfalls muß man aber hier die Zusatzannahme machen, daß alle Lichtkorpuskeln die obere Glasoberfläche im gleichen Zustand verlassen. Die Einheitslänge, deren Vielfaches hier auftritt, erweist sich als abhängig von der Farbe, und zwar als um so kürzer, je weiter die Farbe auf das violette Ende des Spektrumes zu rückt. Mit diesen Vorstellungen hat N e w t o n — nicht als erster, aber zuerst in voller Klarheit — den *periodischen Charakter der Lichterscheinungen* erkannt und gleichzeitig den unbestimmten Begriff der „Farbe" durch die hier auftretende zahlenmäßig *meßbare Länge* ersetzt.

Die Erfassung der optischen Erscheinungen auf Grund des Korpuskelbildes erwies sich also als möglich und fruchtbar; aber ein gewisser künstlicher Charakter dieser Vorstellungen läßt sich nicht leugnen. Wir stoßen hier zum erstenmal auf eine Gruppe physikalischer Vorgänge, die gebieterisch nach einem anderen Bild verlangt.

Wellentheorie.

In der Tat wurde gleichzeitig mit der Emanationstheorie bereits eine andere Theorie des Lichtes, hauptsächlich durch H u y g h e n s (1690) aufgebaut, welche die periodische Natur des Lichtes mehr in den Vordergrund rückte und bildhafte Vorstellungen, wie sie an *Wasserwellen* gewonnen waren und sich in der Akustik bereits bewährt hatten, verwandte. Die alltägliche Beobachtung der *Wellen*, die auf einer *Wasseroberfläche* fortschreiten, hat naturwissenschaftlich denkende Menschen von jeher dazu angeregt, ein Bild anderer Naturvorgänge nach diesem Muster zu entwerfen. Es sind vor allem zwei wesentliche Züge dieser an sich komplizierten und durchaus nicht einfach erfaßbaren Vorgänge, die sie zum allgemeinen Bild geeignet machen: erstens die *Periodizität*, das Auf und Ab, die ständige Wiederholung desselben Vorgangs, die sofort eine Verwandtschaft mit allen sonst beobachteten Schwingungserscheinungen nahe legt; zweitens der Charakter der Erscheinung als eines von einem zum anderen Ort *fortschreitenden Signals* ohne die gleicherweise fortschreitende Bewegung von materiellen Teilchen.

Wir denken zunächst besser noch nicht an die Wellen, die etwa nach einem Steinwurf ins Wasser von der getroffenen Stelle kreisförmig wegwandern; dies ist ein sehr kompliziertes Phänomen, das uns später noch genauer interessieren wird. Einfachere Züge zeigt z. B. die Oberfläche eines Sees, über den ein gleichmäßiger Wind weht;

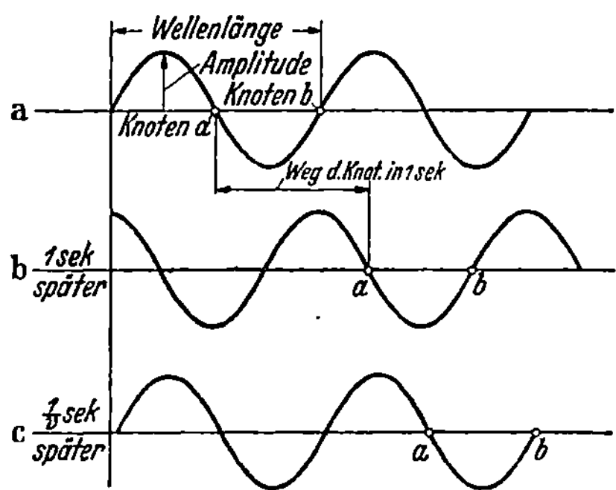

Abb. 15. Welle. ν ist die Frequenz = Anzahl der Schwingungen an einer Stelle in der Sekunde; also ist $1/\nu$ die Zeit einer Schwingung. Die Fortpflanzungsgeschwindigkeit ist numerisch gleich dem Weg des Knotens in einer Sekunde.

wenn man von den kleinen „Riffeln" und den Unregelmäßigkeiten, die in der Natur nie ganz zu vermeiden sind, absieht, so nimmt man leicht eine ganz gleichförmige, unverändert fortschreitende Wellenbewegung wahr, die physikalisch charakterisiert ist (Abb. 15) durch ihre Amplitude, ihre Wellenlänge und ihre *Fortpflanzungsgeschwindigkeit*, worunter wir die Geschwindigkeit verstehen wollen, mit welcher ein Wellenberg oder ein Knoten oder ein Wellental sich fortbewegen (der präzisere physikalische Ausdruck ist „*Phasengeschwindigkeit*"). Anstatt dieser Geschwindigkeit können wir auch die Zeitdauer des Auf- und Abschwingens an einem bestimmten Punkte zur Charakterisierung verwenden oder auch die Anzahl solcher Auf- und Abschwingungen in der Sekunde (Frequenz);

auch der mathematisch ungeübte Leser kann sich wohl klarmachen, daß die Wellenlänge (λ) mal dieser Frequenz (ν) die Fortpflanzungsgeschwindigkeit (V) ergibt.

$$V = \lambda \cdot \nu$$

Auch kann der Beobachter an einer solchen Wasserwelle sehen, daß Materie mit dieser Welle, die Wirkungen von ihrer Erregungsstelle nach einem andern Punkt, etwa dem Ufer, hinträgt, nur in sekundärer Weise verbunden ist. Ein schwimmendes Teilchen schwingt nämlich zwar mit den Wasserteilchen, über welche die Welle hingeht, auf und ab oder auf einer kurzen kreisförmigen Bahn, aber es geht nicht mit der Welle weiter. Es handelt sich also bei solchen Wellenvorgängen um vorwärtsschreitende Erregungen, bei welchen eine materielle Bewegung räumlich nur in relativ engem Rahmen vor sich geht.

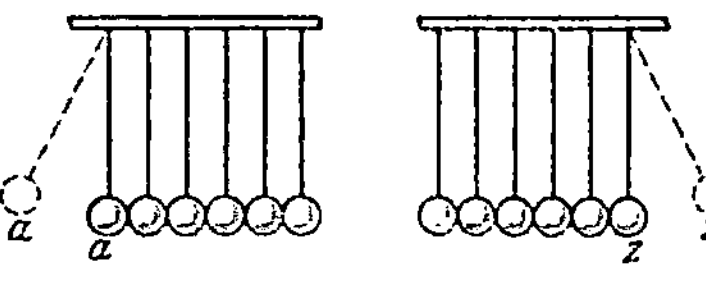

Abb. 16. Stoß durch Materie hindurch. Der Stoß von a wandert durch alle Kugeln hindurch und stößt z; der vom zurückfallenden z herrührende Stoß wandert wieder nach a zurück. Dabei wandert die Materie nur wenig hin und her.

Es gibt manche Erscheinung in der Mechanik, die sich ähnlich auffassen läßt, insbesondere bei *elastischen Körpern*. So sehen wir das wellenartige Fortschreiten periodischer Erregungen z. B. an Seilen, deren eines Ende festgehalten wird, während man das andere periodisch hin und her bewegt. So fühlen wir das Fortschreiten eines Stoßes durch irgendeinen Körper hindurch; so wird etwa die Wirkung des Krokettschlägerschlages auf die festgehaltene Kugel durch diese hindurch, ohne daß Materie innerhalb dieser Kugel dauernd verlagert wird, auf die freie Kugel ausgeübt. So kommen z. B. die Kugeln der Abb. 16, die alle pendelnd aufgehangen sind, in Schwingung, wenn die äußerste angestoßen wird, und der Stoß pflanzt sich vom einen Ende der Anordnung zum anderen fort, während die Kugeln selbst sich nur relativ wenig aus ihrer Gleichgewichtslage entfernen.

Schall.

Die Fortpflanzung eines Signals mit großer Geschwindigkeit, aber ohne Mitschleppung von Materie, und das Auftreten periodischer Vorgänge, die an aussendenden Körpern (Saiten, Stimmgabeln) leicht beobachtet werden können, legt es nahe, die *Schallvorgänge* nach diesem Bild aufzufassen. In der Tat zeigt es sich, daß sich alle akustischen Erscheinungen — und dies ist ein großes und technisch wichtiges Gebiet der Physik — restlos diesem Bilde einordnen. Wenn eine Stimmgabel schwingt, so teilt sie der Luft in einem ganz bestimmten Rhythmus, also in bestimmter „Frequenz" Stöße mit, welche die Luft zusammendrücken; auf eine solche Zusammendrückung reagiert die Luft mit Druckkräften, die auf Ausdehnung hinarbeiten; dabei drückt aber die sich an einer Stelle ausdehnende Luft an benachbarten Stellen die Luft zusammen und erzeugt dort das Streben nach Ausdehnung; und so pflanzen sich die Erregungen von einer Stelle zur anderen und auch von den einen Materieteilchen zu anderen fort. Überall wo die Erregung hinkommt, ruft sie periodische Zusammendrückung und Ausdehnung hervor; wo sie auf ein Ohr trifft, wird sie als Schall wahrgenommen.

Unsere Abb. 16 kann uns den Vorgang illustrieren, vor allem wenn wir uns die Anzahl der Kugeln sehr groß denken; wo die Stoßwirkung hinkommt, werden benachbarte Kugeln aneinandergepreßt; durch die elastischen Kräfte (die hier etwas anderer Natur, aber von ähnlicher Wirkung sind wie die ausdehnenden Drucke in der Luft) werden die Kugeln wieder auseinandergerückt. Die Erregung schreitet mit einer gewissen Geschwindigkeit, die offenbar von der Trägheit der Kugeln und der Größe der elastischen Kräfte abhängt, in *Richtung der Zusammendrückung* fort. Man nennt in diesem Fall die Welle „*longitudinal*". Die Höhe des Tones ist bei all diesen Vorgängen durch die „Frequenz", d. i. die sekundliche Anzahl der Schwingungen — des aussendenden Körpers und der Luftteilchen — bestimmt; je mehr Schwingungen, um so höher der Ton. Mehrere periodische Schwingungen gleichzeitig, wie sie von all unsern Musikinstrumenten ausgesandt werden, ergeben eine Kombination mehrerer in bestimmten Verhältnissen stehender Töne, einen „*Klang*"; die Art ihrer Kombination bestimmt die „*Klangfarbe*"; regellos zusammentretende Töne ergeben ein „*Geräusch*". So läßt sich die ganze Welt der Akustik aus dem Bild der Schwingungen, die sich in zusammendrückbaren Medien (Luft, aber auch Wasser und feste Körper, die durch so rasche Schwingungen etwas zusammengedrückt werden) als Wellen oder Wellenkombinationen fortpflanzen, erfassen, und alle Einzelerscheinungen lassen sich durch Begriffe der Wellenlehre (Schwingungszahl, Amplitude, Wellenlänge) vollständig charakterisieren.

Kontinuum und Feld.

Alle diese Überlegungen bleiben im Gebiete der Mechanik, und da die ganze Mechanik auf dem Korpuskelbild aufgebaut ist, können sie als Entwicklungen aus dem Korpuskelbild heraus angesehen werden. Dies muß aber logisch nicht unbedingt der Fall sein. Solange wir etwa nur die Schallvorgänge in einem lufterfüllten Raum oder die Wellenausbreitung auf der freien Oberfläche eines Wassergefäßes betrachten, können wir von dem Aufbau dieser Materie aus materiellen Punkten oder Atomen vollkommen absehen; es ist viel natürlicher die Luft- oder Wassermasse als ein *Kontinuum* aufzufassen, in welchem Gleichgewichtsstörungen — das sind in diesem Fall lokal erregte Bewegungen — sich in gesetzmäßiger Weise ausbreiten und fortpflanzen. Jeder Teil der Flüssigkeit hängt mit jedem anderen *nicht durch Fernwirkungen* irgendwelcher Art, sondern durch Berührung mit den Nachbarteilen und deren Berührung mit den nächsten Teilen usw. zusammen; dabei ist hier der Begriff „Teil" nur als gedanklich abgeteiltes Stück, nicht im Sinne von Korpuskel gemeint. Ein solches Kontinuum — Flüssigkeit, elastischer Körper u. dgl. — ist in seinem Zustand vollkommen beschrieben, wenn die Bewegung in jedem Raumpunkt in Abhängigkeit von der Zeit angegeben wird. Das Naturgesetz gibt den Zusammenhang zwischen den Bewegungszuständen in

einem Raumpunkt zu einer bestimmten Zeit und denen in benachbarten Raumpunkten im gleichen und im folgenden Zeitpunkt. Alle Kraftwirkungen werden auf Ziehen, Drücken,
Stoßen zwischen sich berührenden Teilen zurückgeführt; die
Eigenschaften solcher kontinuierlicher Körper werden als
Zusammendrückbarkeit, Verdrehbarkeit, Deformierbarkeit
u. dgl. beschrieben.

Eine Theorie, welche die Körper als Kontinuen auffaßt
und den materiellen Punkt schließlich nur als eine Abstraktion, einen Grenzübergang zum Kontinuum verschwindender
Ausdehnung ansieht, kann viele Erscheinungen umspannen
und liefert daher ein einleuchtendes und leicht faßliches Bild
physikalischer Vorgänge, das neben das Korpuskelbild und in
Gegensatz dazu tritt. Wir bezeichnen den Inbegriff der Zustände in jedem Punkte eines Kontinuums als ein „*Feld*" und
sprechen daher vom „*Feldbild*" der physikalischen Erscheinungen; so z. B. sind die Feldgrößen in einer Flüssigkeit
oder einem Gas die Richtung und Größe der materiellen Geschwindigkeit in jedem Punkt und die Dichte in jedem Raumelement. Bei Schallvorgängen schwankt die Dichte des Gases
in jedem Raumelement periodisch zwischen zwei Extremwerten hin und her; das „Feld" der Dichte ist ein räumlich
und zeitlich periodisches.

Es ist klar, daß ein solches Feldbild niemals die ganzen
Erscheinungen der Atomistik erfassen kann; die Korpuskel
bestimmter, nicht weiter unterteilbarer Größe, ja auch schon
die Korpuskel unveränderlicher Gestalt, die sich als Ganzes
bewegt, bleibt ein Fremdling für jede Feldtheorie. Aber
andrerseits hatten wir in der Korpuskeltheorie Fernkräfte
nötig, die als Fremdlinge in der Korpuskeltheorie stehen.
Jedes einfache Bild, das wir von den physikalischen Erscheinungen entwerfen, bleibt beschränkt. Wir können also von
vornherein an das Feldbild nicht mit der Illusion herangehen, nunmehr zu restlosen Vorstellungen des physikalischen
Geschehens zu kommen. Aber wir werden im folgenden
sehen, daß *große Teile der Physik, die der Korpuskeltheorie
und den daraus folgenden mechanischen Vorstellungen ganz
unzugänglich sind, durch eine Feldtheorie, die sich immer*

mehr von der korpuskularen und selbst von der mechanischen Basis ablöst, in idealer Weise erfaßt werden können.

Feldbild optischer Erscheinungen.

Die Feldtheorie hat sich historisch an der Optik entwickelt; wo Licht sich ausbreitet, existiert ein Feld; in jedem Raumpunkt, wo Licht hinkommt, ist ein zeitlich wechselnder Zustand vorhanden, den wir, wenn er an unser Auge trifft, als Licht wahrnehmen; ob dies ein Bewegungszustand ist oder ein Dichtezustand oder ähnliches, ist das Problem jeder Lichttheorie.

Zunächst finden sich viele *Analogien des Lichtfeldes mit dem Schallfeld,* und wir können darum auch die charakteristischen Eigenschaften eines Lichtfeldes mit den Begriffen der Wellenlehre beschreiben. Hatte doch N e w t o n schon erkannt, daß für die Farbe eines Lichtes eine Länge maßgebend ist, die sich aus dem Versuch der Abb. 14 bestimmen läßt. Es liegt nahe — und bewährt sich in den weiter gefundenen optischen Erscheinungen —, diese Länge als eine *Wellenlänge* anzusehen. Bei bestimmter Fortpflanzungsgeschwindigkeit ist mit dieser Länge auch eine bestimmte Zeitdauer verbunden, die im Wellenbild als Schwingungsdauer aufgefaßt wird. Der periodische Charakter der Lichtvorgänge, sowie die durch das Medium bestimmte Fortpflanzungsgeschwindigkeit sind weitere Züge, die das Licht als eine körperliche Wellenbewegung wie den Schall ansehen lassen. Reflexions- und Brechungsgesetze ergeben sich auch aus der Wellenlehre und treten auch beim Schall genau so auf wie beim Licht, wenn sie auch experimentell nicht so leicht nachzuweisen sind. Dies liegt an dem einen großen, wenn auch zunächst nur quantitativen Unterschied zwischen Licht- und Schallschwingungen; während nämlich die Anzahl der Schallschwingungen in der Größenordnung 100 bis 1000 in der Sekunde gefunden wird, d. i. bei Wellenlängen von 300 bis 30 cm, ergeben sich aus den geschilderten optischen Versuchen mehrere hundert Billionen Schwingungen in der Sekunde und dazu gehörige Wellenlängen von einigen hunderttausendstel Zentimeter. Erscheinungen wie Reflexion und

Brechung spielen sich aber nur dann so einfach ab, wenn im Versuch nur Entfernungen betrachtet werden, die sehr groß gegen die Wellenlängen sind.

Reflexion und Brechung.

Die im einzelnen verwickelten Vorgänge, welche bei Ausbreitung einer Wellenerregung in einem Medium auftreten, kann man sich nach der Abb. 17 anschaulich vereinfachen, um Reflexion und Brechung auf Grund der Wellenlehre zu verstehen: Von rechts falle eine Welle im Medium I (Vakuum) auf eine Trennungsfläche zum Medium II (Glas); die gestrichelten Linien sollen die Wellenberge andeuten; dazwischen liegen die Wellentäler; beide verschieben sich in Richtung der Pfeile, welche wir als Strahlrichtung wahrnehmen. Wo nun etwa Wellenberge auf die Trennungsfläche auffallen, rufen sie eine Erregung hervor, die sich von der Erregungsstelle aus mit der gleichen Fortpflanzungsgeschwindigkeit nach allen Richtungen in das Medium I ausbreiten,

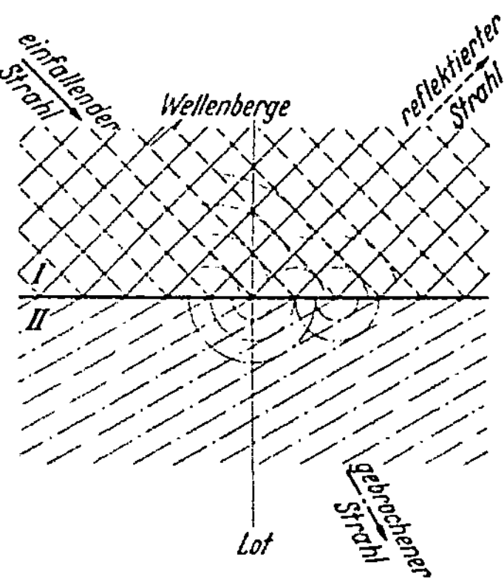

Abb. 17. Reflexion und Brechung (zum Lot) nach der Wellentheorie Von jedem Punkte der Trennungsfläche breiten sich kreisförmig Wellen aus, die in *I* mit derselben Geschwindigkeit, in *II* mit kleinerer Geschwindigkeit laufen als die einfallende Welle. Strahl in Richtung der Wellenfortpflanzung, senkrecht zur Erstreckung der Wellenberge (d. i. der Linien gleicher „Phase").

und zwar kreisförmig um jeden Punkt der Trennungsfläche. Man muß sich ja vorstellen, daß irgendeine Wirkung des Lichtes auf die Materie stattfindet, von der man kein genaueres Bild nötig hat, die aber in einem Mitschwingen bestehen muß; dieses Mitschwingen wirkt auf die Umgebung der schwingenden Stelle gleichmäßig erregend und muß darum als eine von dieser Stelle kreisförmig ausgehende Welle in Erscheinung treten (da senkrecht zur Zeichenebene überall derselbe Zustand angenommen wird). Nun trifft aber

die Erregung die Punkte der Trennungsfläche um so später,
je weiter sie in der Abbildung rechts liegen; also ist im gleichen Zeitpunkt ein Wellenberg der zurückgeworfenen Erregung von den links liegenden Punkten weiter entfernt als
von den rechts liegenden, und man kann die Wellenberge
näherungsweise wieder durch gerade (gestrichelte) Linien darstellen, zu denen senkrecht der „Strahl" läuft; so ist das
Reflexionsgesetz erfüllt.

Läuft nun die Welle im Medium II langsamer wie in I, so
findet man, wie Abb. 17 ohne weiteres zeigt, die linken Teile
der Wellenberge gegenüber den rechten zurückgehalten und
infolgedessen schließlich die Richtung der Wellenberge so
verändert, daß die dazu senkrechte Strahlrichtung „zum Lot
gebrochen" erscheint. Hier tritt nun ein wichtiger Unterschied
der Wellenlehre gegenüber der Korpuskulartheorie hervor;
denn jetzt mußten wir annehmen, daß die *Fortpflanzungsgeschwindigkeit im Glas kleiner* sei als im leeren Raum, in
der Korpuskulartheorie dagegen sollte sie im Glas größer als
im leeren Raum sein. Dieser Unterschied gibt eine Möglichkeit, durch Versuch zwischen den beiden Auffassungen zu entscheiden (F o u c a u l t 1862); der *Versuch gibt der Wellentheorie* und somit dem Feldbild *recht*.

Beugung und Interferenz.

Es gibt aber weiterhin eine Reihe von Erscheinungen,
durch welche die Feldauffassung als einzig mögliche bestätigt, und jedes Korpuskelbild widerlegt wird: Wenn wir in
der Weise der Abb. 18 einen für Schall und Licht undurchlässigen Körper zwischen uns und eine Schall- und Lichtquelle stellen, so sehen wir nichts vom Licht, aber wir hören
den Schall. Spricht dies nicht doch gegen die Übertragung
der Feldtheorie des Schalles auf das Licht? Sind nicht doch,
wie früher hervorgehoben, die scharfen Schatten ein Hinweis
auf die korpuskulare Natur des Lichtes, während Lichtwellen, ebenso wie Schallwellen, sich in dem ganzen Luftmeer, also auch hinter dem Körper der Abb. 18 ausbreiten
müßten? Die Antwort der Feldtheorie des Lichts, die durch
eine kaum übersehbare Menge experimenteller und mathe-

matischer Arbeiten sichergestellt ist, lautet so: Auch dieser
Unterschied rührt nur von der großen *Verschiedenheit in der
Länge* der Licht- und Schallwellen her. Das Phänomen des
scharfen Schattens wird ebenso wie die oben besprochenen
Erscheinungen der Reflexion und der Brechung nur darum
beobachtet, weil wir in den betr. Versuchen nur Räume von
relativ großer Ausdehnung gegenüber den Lichtwellen betrachten; gehen wir mit feineren Versuchsmethoden vor und
untersuchen die Vorgänge
in Räumen oder Schich-
ten, die nicht außerordentlich groß gegen die Licht-
wellenlängen sind, so verschwindet die Einfachheit
der Erscheinungen vollständig, und auch im Schat-
tenraum ist Licht festzu-
stellen. Auch die Intensität des Schalles nimmt
rasch ab, wenn man etwa
direkt hinter dem schir-
menden Körper um Ent-
fernungen, die sehr viel
größer als die betreffen-
den Schallwellen sind, vom
Rande nach innen geht. Das
Gebiet, in welches sich die

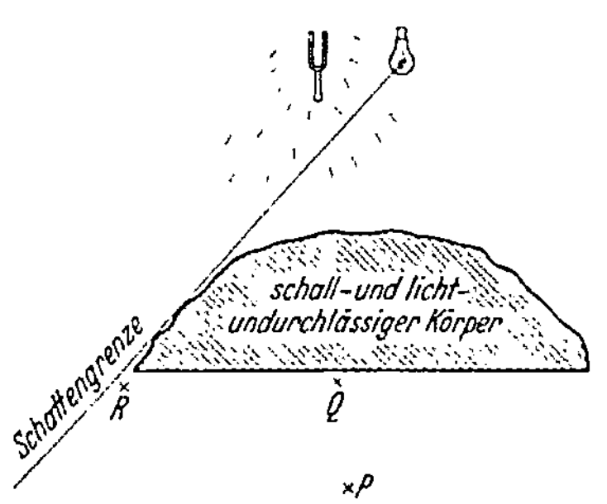

Abb. 18. Schall und Licht. Man hört
in P die Stimmgabel, sieht aber nicht die
Lampe; dies scheint der Wellentheorie
des Lichtes zu widersprechen, rührt aber
nur daher, daß die Länge der Schallwellen
ungeheuer groß ist gegenüber der Länge
der Lichtwellen. In Q hört man auch
die Stimmgabel nicht, in R (innerhalb
der Schattengrenze) sieht man bei geeig-
neter Anordnung auch (gebeugtes) Licht.

Feldwirkungen hinter einem solchen Hindernis erstrecken, ist,
wie Experiment und Rechnung auf Grund der Wellentheorie
beweisen, *um so kleiner, je kleiner die Wellenlänge ist.*

Besser als an einem schattenwerfenden Körper beobachtet
man diese Erscheinungen an einem schmalen Spalt; blenden
wir alle Lichtstrahlen außer dem einen in Abb. 19 gezeichneten von dem Spalte ab, so würde sich auf dem dahinter-
stehenden Schirm nach der Korpuskelauffassung ein scharfes
Bild des Spaltes abzeichnen. In Wirklichkeit beobachtet man
aber ein nach beiden Seiten hin ausgedehntes farbiges Bild
und bei Beleuchtung mit einfarbigem Licht (Abb. 19b) eine

Reihe von Spaltbildern, die durch dunkle Räume voneinander
getrennt sind, und deren Helligkeit nach beiden Seiten hin
rasch abnimmt. Man nennt diese Erscheinung *„Beugung"* des

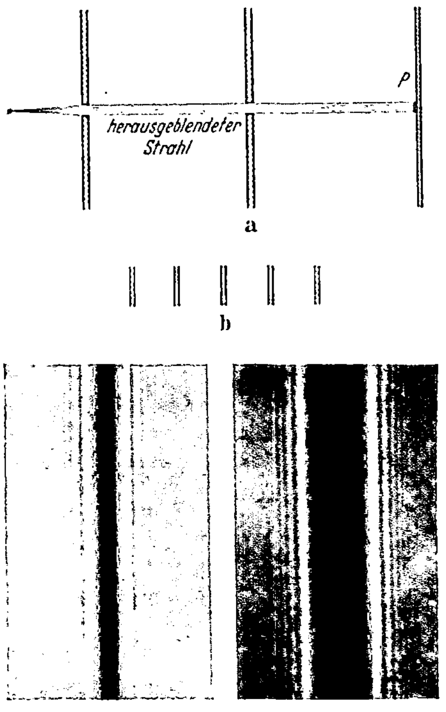

Abb. 19. Beugung. a) Anordnung. b) Beugungsbild bei einfarbigem Licht. Bei
korpuskelartiger Fortpflanzung des Lichtes wäre nur die Stelle P beleuch-
tet, alles andere in vollem Schatten. In Wirklichkeit sieht man auf dem
Schirm nach beiden Seiten ausgedehnte bunte Streifen und bei einfarbiger
Lichtquelle das Bild b). c) „Schatten"bilder: Bleistift von 7,15 mm,
Nähnadel von 1,97 mm Durchmesser (nach Handbuch der Physik Bd. 20,
A r k a d i e w).

Lichtes. Abb. 19 c zeigt, wie Schatten kleiner Objekte aussehen,
wenn man sie mit raffinierter optischer Technik aufnimmt.

Das volle Verständnis für die Einzelheiten dieser Bilder
über die allgemeine Erkenntnis der Feldnatur hinaus eröffnet die Betrachtung der periodischen oder *Welleneigen-*

schaften des Lichtes. Zwei Wellen können sich verstärken, zwei Wellen können sich aber auch gegenseitig schwächen und sogar aufheben, je nachdem ob sie mit ihren Tälern und Bergen zusammenstimmen, oder ob Berge der einen mit Tälern der andern zusammenwirken (Abb. 20). Erblickt nun ein Auge von einer bestimmten Richtung her *zwei* Strahlen, so wird die Wirkung auf das Auge verschieden sein je nach dem Gangunterschied der beiden Wellen, deren Fortschreiten als Strahl wahrgenommen wird. Ist kein Gangunterschied vorhanden, oder ist er ein ganzes Vielfaches der Wellenlänge, so ver-

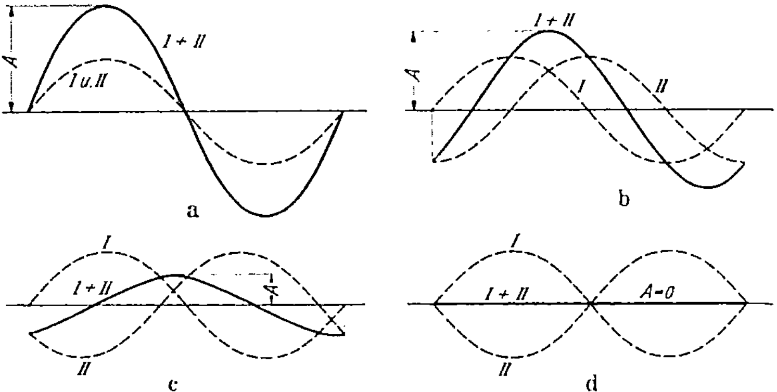

Abb. 20. Übereinanderlagerung von gleichen 2 Wellen. Zwei Wellen können sich verstärken (*a*) oder nur teilweise verstärken, (*b*), (Amplitude A kleiner als im Falle *a*) oder sich schwächen (*c*) oder auch sich ganz aufheben (*d*).

stärken sich die Erregungen (a), und das beobachtende Auge sieht helleres Licht als bei einem einzigen Strahl; beträgt aber der Gangunterschied die Hälfte, oder $3/_2$, oder $5/_2$ usw. der Wellenlänge, so heben sich die Erregungen gegenseitig vollkommen auf (d) und das Auge sieht Dunkelheit, während es bei Abblenden eines der beiden Strahlen Licht sehen würde. Diesen Vorgang, der bei allen Wellenerscheinungen, also auch z. B. bei Wasserwellen und bei Schallwellen beobachtet werden kann, nennt man „*Interferenz*". Durch die Interferenz, das Zusammenwirken der von den Erregungen an allen Punkten des Feldes nach allen Richtungen fortschreitenden Wellen, bildet sich ein bestimmtes Feld im Medium aus, das berechnet und gemessen werden kann.

Als Beispiel diene uns der wichtige Fall der *Beugung:* Es falle Licht von einer sehr fernen Quelle (oder von einer Sammellinse mit Lichtquelle im Brennpunkt) auf den Spalt der Abb. 21; dann bedeutet das, daß eine ebene Lichtwelle, deren Wellenberge durch gestrichelte Linien angedeutet sind, von oben auf den Spalt trifft und alle Punkte dieses Spaltes gleichzeitig in gleicher Weise erregt; im ganzen Spalt findet sich gleichzeitig ein Wellenberg, dann ein Knoten, ein Wellental, wieder ein Knoten usw. Der Fachausdruck lautet: alle Punkte des Spaltes befinden sich immer in derselben „Phase" der Schwingung. Alle so erregten Teile des Mediums im Spalt geben nach den Gesetzen der Feldausbreitung die Erregung nach allen Richtungen weiter (*Huyghenssches Prinzip*); es muß also gerade so sein, wie wenn der ganze Spalt eine Lichtquelle wäre, jedoch von der besonderen Art, daß die Erregung ihrer einzelnen Teile ganz systematisch gleichmäßig verläuft (was bei einer wirklichen Lichtquelle niemals der Fall sein kann). Sieht nun ein Auge von unten in der Abbildung gerade senkrecht auf den Spalt, und faßt man die vom Spalt ausgehenden Strahlen durch eine Sammellinse zusammen, so treffen von allen Punkten des Spaltes die Erregungen immer in gleicher Phase (z. B. als Wellenberg) ein; die einzelnen Wellen verstärken sich; das Auge sieht helles Licht[1]. Nach der Seite unter einem Winkel wirken die verschiedenen Wellen aber anders zusammen, so ist z. B. in Abb. 21 b der Unterschied zwischen den von den

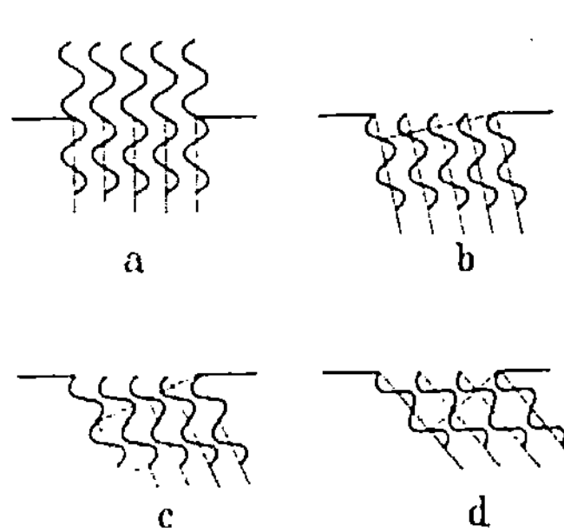

Abb. 21. Beugung nach der Wellentheorie. Resultierendes Licht in verschiedenen Richtungen, wenn durch Sammellinse (nicht gezeichnet) konzentriert: a) Volle Helligkeit. b) Verminderte Helligkeit. c) Dunkelheit. d) Stark verminderte Helligkeit.

---

[1] Die Wellenlinien in der Abbildung sind natürlich nur Veranschaulichungen, nicht etwa wirkliche Schwingungen von Teilchen.

beiden Spalträndern herkommenden Wellenerregungen eine halbe Wellenlänge; diese beiden Wellen vernichten sich also, die dazwischen liegenden dagegen verstärken sich in solcher Weise, daß ein gegenüber Fall a) geschwächtes Licht herauskommt. Im Fall der Abb. 21 c ist der Gangunterschied zwischen den Randstrahlen eine ganze Wellenlänge; jeder Erregung in der rechten Hälfte des Spaltes entspricht hierbei die entgegengesetzte Erregung in der linken Hälfte; hier führt die Interferenz zur vollen Auslöschung des Lichtes. Abb. 21 d zeigt schließlich den Fall eines Gangunterschiedes von 3 halben Wellenlängen; hier müssen sich offenbar 2 Drittel (das rechte und das mittlere) der Spalterregungen, die ja genau wie im Fall c) verlaufen, vernichten, dagegen die Erregungen im linken Drittel sich wie im Falle b) verstärken; die Folge ist eine relative Helligkeit, aber wesentlich geringer als im Falle b), da nur noch ein Drittel des Spaltes zur Wirkung kommt. Nach dem Gesagten wird es nicht schwer sein, zu verstehen, wie die Abwechslung von Hell und Dunkel und die Abnahme der Intensität der hellen Streifen nach der Seite hin herauskommt. Auch ist nun leicht einzusehen, daß die Streifen immer näher zusammenrücken müssen, je breiter der Spalt wird, und daß darum bei einer Spaltbreite, die sehr wesentlich die Lichtwellenlänge übertrifft, das Phänomen des scharfen Schattens immer mehr angenähert werden muß.

Beugungsgitter.

Will man die verschiedenen „*Beugungsbilder*" des Spaltes *weit auseinanderziehen* — und dies ist praktisch außerordentlich wichtig, wenn man mit Hilfe solcher Anordnungen die Wellenlängen messen will —, so muß man den Spalt möglichst schmal machen, womöglich nicht sehr viel breiter als eine Lichtwellenlänge. Wird aber der Spalt schmal, so wird die Lichtstärke sehr klein, da nur noch wenig Licht im ganzen hindurchgeht. Man hilft sich aus dieser Schwierigkeit heraus durch Verwendung sehr vieler, ganz gleicher sehr schmaler Spalte (Abb. 22); eine solche Anordnung, „*Beugungsgitter*" genannt, stellt man her, indem man in scharf gleichem Abstand feine Linien mit diamantenem Stichel in Glas oder in ein Spiegelmetall einritzt. Die Präzision dieser Anordnung ist erstaunlich groß; Rowland stellte solche Gitter her mit im ganzen 110000 Linien, von denen 1700 auf den Millimeter kamen; die Breite von einem Spaltanfang zum nächsten Spaltanfang („Gitterkonstante") betrug hier also $^1/_{17\,000}$ cm, d. i. ungefähr gerade soviel wie die Wellenlänge des gelben Natriumlichtes.

Interferometer.

In dieser und vielen anderen Anordnungen wird die Interferenz der Lichtwellen zu den feinsten und genauesten Messungen verwandt, welche die Physik kennt. Wir wollen diese grundlegend wichtige Erscheinung, an welcher die ganze Feldtheorie hängt, und von welcher sie ihre Sicherheit herleitet,

Abb. 22. Beugungsgitter; *l* Gitterkonstante (von der Größenordnung der Lichtwellenlänge).

uns noch an einer einfachen Anordnung, dem *Interferometer* (Abb. 23), klarmachen: Von der (spaltförmigen) Lichtquelle fallen Strahlen auf eine durchsichtige planparallele Platte, werden dort teilweise reflektiert, teilweise durchgelassen, fallen auf Spiegel und werden mit Hilfe einer zweiten planparallelen Platte wieder vereinigt. Dort, wo die Strahlen — dies sind ja nur die senkrechten Richtungen auf den Wellenfronten — sich wieder vereinigen, entstehen Interferenzen. In der Abbildung sind nur die mittleren Strahlen gezeichnet; sie haben bei völlig gleichen Lichtwegen keinen Gangunterschied, verstärken sich also; das Auge oder Fernrohr sieht aber auch Strahlen, die unter einem kleinen Winkel ankommen; auch diese bestehen aus zwei interferierenden Strahlen, welche aber Gangunterschiede aufweisen. Man sieht also ein System von Interferenzstreifen, abwechselnd hell und dunkel, wenn Licht einer einzigen Wellenlänge (Farbe) von der Lichtquelle ausgeht. Durch Änderung der Lichtwege, sei es Stellungsänderung der Platten und Spiegel, sei es Einführung eines Mediums mit anderer Lichtgeschwindigkeit in einen der Wege, etwa durch lokale Erwärmung der Luft, kann man die Gangunterschiede ändern, die Interferenzstreifen verschieben sich, und aus der

56

Größe der Verschiebung kann auf die Größe der Stellungsänderung oder die Veränderung der Fortpflanzungsgeschwindigkeit geschlossen werden.

Diese Anordnung kann recht deutlich den *Sinn der Feldtheorie im Gegensatz zur Korpuskeltheorie* klarmachen. Eine
Korpuskel kann nur einen einzigen Weg zurücklegen, und
während der Bewegung sind immer Bewegungsgröße und
Energie in einem ganz bestimmten Punkt des Raumes konzentriert. Materielle Teilchen können wohl auf verschiedenen

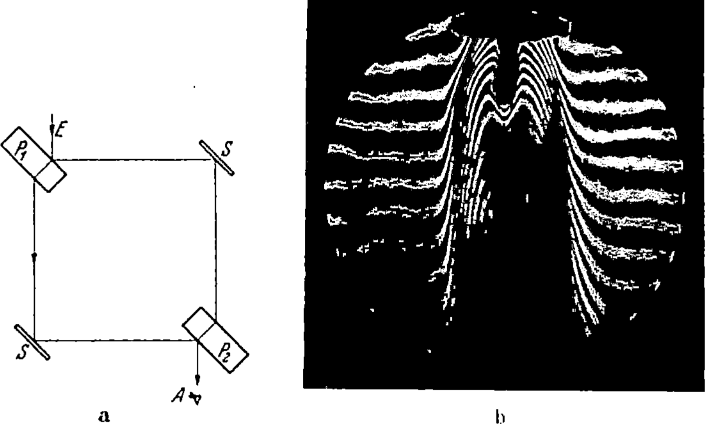

Abb. 23. Interferometer. a) P Glasplatten; S Spiegel. Strahl E teilt sich an
P_1; Wiedervereinigung hinter P_2; Auge A sieht Interferenzstreifen. b) Inter-
ferenzstreifen; Regelmäßigkeit durch eine Kerzenflamme auf einem der
Wege gestört.

Wegen zum selben Endpunkt gelangen; dort addieren sich
aber die voneinander unabhängigen Wirkungen einfach. In
Abb. 23 wirken die Vorgänge des Feldes, die räumlich so
weit auseinander liegen können wie die beiden Lichtwege,
zusammen. Man kann nicht den Vorgang auf dem einen
Lichtweg als vollkommen unabhängig von dem anderen ansehen; die Erregungen in einem Teil des Feldes hängen mit
den Erregungen in jedem anderen räumlich noch so entfern-
ten Teil kausal zusammen durch das *Feldgesetz*. Der elementare Vorgang, Ausbreitung einer Lichtwelle von der Quelle aus,

verläuft in einem weiten Gebiete; die verschiedenen Teile der
Strahlung breiten sich im Raume aus und laufen wieder teilweise zusammen. Newton hat noch gemeint, die erste, von
ihm selbst entdeckte Interferenzerscheinung (Abb. 14) durch
Einstellungen der einzelnen Lichtkorpuskeln erklären zu können; er hat nicht an ein *Zusammenwirken,* gegenseitiges Verstärken und Vernichten, kurz an eine Interferenz der Licht-
teilchen untereinander gedacht; eine derartige Annahme würde
ja auch jeder Korpuskelvorstellung widersprechen. Die *Versuche* nach Art der Abb. 23 *zeigen* aber nun gerade ein
solches bis zur gegenseitigen Aufhebung in gewissen Richtungen gehendes *Zusammenwirken* der in *verschiedenen
Raumteilen* vorgehenden Erregungen. Und dies ist gerade das
Wesentliche des *Naturbildes der Feldtheorie.*

Äther.

Eine ganz große Schwierigkeit setzt sich aber von Anfang
an der Feldauffassung der Lichtvorgänge entgegen, und diese
mag mehr wie alle andern Überlegungen große Forscher zuerst auf den Weg der Korpuskulartheorie abgedrängt haben:
Bei der Schallausbreitung ist das *Medium* (z. B. Luft) und
der Zustand, in den es durch die Schallerregung versetzt
wird (Zusammendrückung), greifbar und durch andere als
Schallwirkungen wahrnehmbar; und wenn man eine Ton-
quelle, etwa eine elektrische Glocke, unter den Rezipienten
einer Luftpumpe setzt und die Luft herauspumpt, so wird der
Schall immer schwächer und schwächer, und schließlich ist
nichts mehr zu hören, wenn der Klöppel auch noch genau so
stark wie vorher auf die Glocke schlägt; es ist kein Medium
mehr da, in dem Verdichtungen und Verdünnungen hervorgerufen und eine Schallwirkung weitergetragen werden
könnte. Ganz anders beim Licht; wenn die Luft ausgepumpt
ist, sehen wir die Glocke noch genau so wie vorher; durch
den *leeren Raum* sehen wir Sonne und Sterne; im leeren
Raum hat man die Lichtgeschwindigkeit gemessen und denselben Wert wie in Luft gefunden, und auch alle Interferenzerscheinungen und Feldwirkungen finden sich im leeren
Raum nicht anders als in Luft. Also muß jede Feldtheorie

58

des Lichtes dem *leeren Raum Eigenschaften* zuschreiben; er ist an jeder Stelle in irgendeiner — von uns als Lichtausbreitung bezeichneten — Weise erregbar; er leitet diese Erregung in einer ganz analogen Weise weiter, wie zusammendrückbare Medien den Schall leiten, und zwar mit einer bestimmten Geschwindigkeit, die ebenso als *Eigenschaft des leeren Raumes* angesehen werden muß, wie die Schallgeschwindigkeit in der Luft als Eigenschaft der Luft.

Aus dieser Schwierigkeit hilft sich die Feldtheorie mit einer für die Entwicklung der Physik höchst wichtigen Begriffsbildung: Der „leere" Raum kann, da er Feldeigenschaften hat, nicht wirklich leer sein; er muß vielmehr da, wo Materie im gewöhnlichen Sinne fehlt, als erfüllt von einem andersartigen Stoff, der Träger der Lichterscheinungen ist, angesehen werden; die griechische Mythologie liefert für diesen Stoff den Namen: „*Äther*". An einen Aufbau dieses Äthers aus Atomen oder atomartigen Gebilden ist nur gelegentlich gedacht worden; im allgemeinen hat man sich den Äther als ein *Kontinuum* gedacht, das alle Räume durchdringt und nichts weiter ist als der Träger eines Feldes; mit diesem Begriff wird das *reine Feldbild* in ein weites Gebiet der Physik getragen, in welches das Korpuskelbild nicht eindringen kann.

Aber wie soll man sich den Äther vorstellen, welche Materialeigenschaften ihm zulegen? Und in welcher Beziehung steht er zu den greifbaren materiellen Stoffen, die auch eine Lichtausbreitung zulassen? Wir können schließlich nur Bilder formen nach unseren alltäglichen Erfahrungen, und die sind an greifbaren Körpern gewonnen; wir kennen feste, flüssige und gasförmige Stoffe; mit welchen kann man den Äther einigermaßen verwandt denken?

Polarisation des Lichtes.

Nach den Eigenschaften des Lichtes, die wir bisher im Laufe unsres Gedankengangs kennengelernt haben, wäre wohl die Analogie mit dem Schall und daher der Vergleich des Äthers mit einem Gas naheliegend. Hiegegen steht aber eine Eigenschaft des Lichtes, die wir noch zu besprechen haben, die *Polarisierbarkeit* (Malus 1808). Wir können hier nicht

soweit in Einzelheiten eingehen, daß der Leser den ganzen
Erscheinungskomplex der Lichtpolarisation überblickt; es genügt für unseren Gedankengang klarzumachen, daß das Licht
eine wesentliche Eigenschaft hat, die es vom Schall unterscheidet und die *verbietet*, die Lichtwellen als „*longitudinal*",
d. i. in Richtung der Fortpflanzung (Strahlrichtung) schwingend anzusehen. Bekanntlich gibt
es Kristalle, welche *doppelt bre-*
chen, durch welche hindurch angesehen eine Lichtquelle doppelt
erscheint (H u y g h e n s 1690);
das eine dieser beiden Bilder

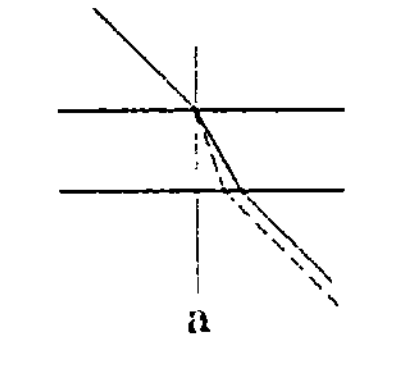
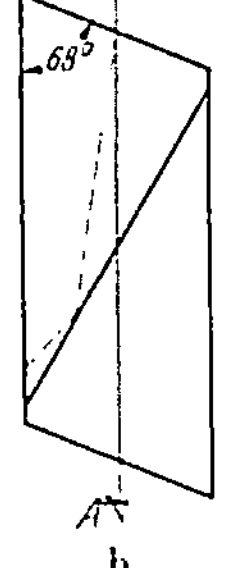

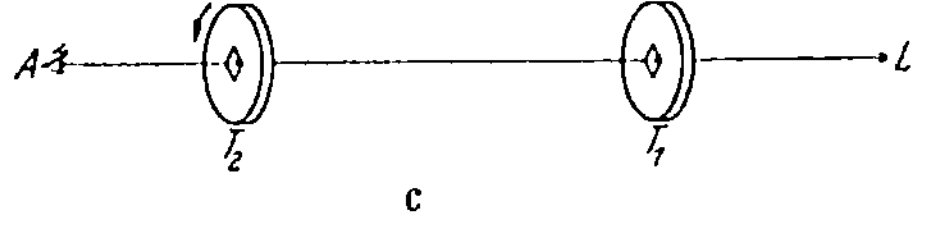

c

Abb. 24. Doppelbrechung und Polarisation. a) Ein Strahl, der in einen
Kristall eindringt, wird infolge verschiedener Brechung in zwei Strahlen
zerlegt, die in einer Hinsicht — „Polarisation" genannt — verschieden sind.
b) N i c o l sches Prisma. Zwei Kalkspatprismen werden durch Kanadabalsam
so aneinander gefügt, daß der eine der beiden gebrochenen Strahlen total
reflektiert wird, und nur der andere in das Auge A kommt; dieser Strahl
ist „polarisiert". c) Die „Polarisation" des durch ein N i c o l sches Prisma
(T_1) hindurchtretenden Lichtes zeigt sich darin, daß das Auge A je nach
der Stellung eines zweiten N i c o l schen Prismas (T_2), der drehbar im Lichtweg angebracht ist, Licht oder Dunkel sieht. Ein N i c o l s c h e s Prisma, in den
Weg der beiden Strahlen der Anordnung a) gestellt, zeigt in zwei um 180°
verschiedenen Stellungen den einen Strahl ganz hell, den andern ganz
dunkel, in den senkrechten Zwischenstellungen umgekehrt.

kann man nun durch eine Anordnung zweier zusammengekit-
teter Kristalle in einem sog. „*Nicolschen Prisma*" entfernen.

Läßt man nun Licht von einer Lichtquelle durch ein solches Nicolprisma fallen, so zeigt sich an dem durchfallenden
Licht eine *Richtungseigenschaft*, die dem „natürlichen" Licht
der Lichtquelle fehlt; wenn wir nämlich dieses Licht auf ein
zweites Nicolprisma fallen lassen und auf das durch diesen fal-
lende Licht achten, so finden wir dessen Stärke abhängig von
der Stellung dieses Prismas, und wenn wir diesen um eine in
Strahlrichtung liegende Achse drehen (Abb. 24c), so sehen
wir in 2 um 180⁰ gegeneinander verdrehten Richtungen die

60

größte Heftigkeit, in der Mitte zwischen diesen Stellungen voll-
kommenes Dunkel. Wenn wir das erste Nicolprisma entfernen, bleibt bei der ganzen Drehung die Helligkeit hinter dem
zweiten unverändert. Das erste Nicolprisma hat also eine Veränderung in dem Mechanismus der Lichterregung hervor-
gebracht, bei welcher eine *Richtung*, eine *Orientierung* be-
bevorzugt wird; er hat das Licht, wie der Fachausdruck lautet,
„polarisiert"; wir brauchen hier von der Polarisation nicht
mehr zu wissen, als daß sie in dieser Bevorzugung einer
Orientierung besteht. Beim Mechanismus der Schallausbreitung, welcher durch Abb. 16 idealisiert dargestellt ist, wäre
eine solche Polarisation, d. h. Richtungsauszeichnung unmöglich; denn alle Vorgänge, Wellenbewegung und Fortpflanzung, spielen sich in der *einen* Strahlrichtung ab; um diese

Abb. 25. Transversale Schwingungen. Die an einer Saite befestigten Kugeln
können in jeder senkrecht zum Pfeil liegenden Richtung schwingen, aber
nicht in der Pfeilrichtung; die Fortpflanzung der Erregung von einer
Kugel auf die benachbarte geht aber in Richtung des Pfeiles durch die Saite.

Richtung herrscht volle Symmetrie. Beim Licht kann aber,
wie die besprochenen Polarisationserscheinungen zeigen, diese
Symmetrie, welche zunächst beim natürlichen Licht auch vorhanden *scheint*, vollkommen zerstört werden. Die Lichtschwingungen können also — das Schwingende mag sein, was es
will — nicht in der Strahlrichtung, sondern nur senkrecht
dazu verlaufen; sie müssen, wie man sagt, „*transversale
Schwingungen*" sein. Sie werden veranschaulicht, wenn wir
die Kugeln nicht wie in Abb. 16 anordnen, sondern etwa auf
einer gespannten Saite anbringen und die Saitenenden fest-
halten. Wird irgendein Punkt der Saite erregt, so teilt er seine
Bewegung durch die Saite mit einer von der Spannung und
Elastizität der Saite abhängigen Geschwindigkeit allen andern
Punkten mit. Die Erregung kann aber, etwa durch Zupfen
der Saite, in jeder Richtung in der zur Saite senkrechten
Ebene erfolgen, in Abb. 25 z. B. nach oben und unten oder
senkrecht zur Zeichenebene oder in einer dazwischen liegen-

den Richtung. Die Erscheinung der Polarisation wird nun dahin gedeutet, daß ein Mechanismus die Schwingungen in allen Richtungen außer einer einzigen unmöglich macht; Polarisation wäre in der Anordnung der Abb. 25 etwa dadurch zu erreichen, daß man die Kugeln durch zwei glatte, zur Zeichenebene parallele Flächen festhält, so daß sie sich nur noch nach oben oder unten, aber nicht mehr senkrecht zur Zeichenebene bewegen können.

<h3 style="text-align:center">Mechanische Ätherbilder.</h3>

Eine transversale Schwingung kann von einem Teilchen auf andere nur übergreifen, eine Ausschwingung kann nur dann zurückschwingen, wenn die Teilchen irgendwie fest aneinandergebunden sind, so wie etwa beim elastischen Körper (z. B. bei einer Saite). In einer *Flüssigkeit und in einem Gas gibt es solche Kräfte nicht;* es ist im Gegenteil geradezu die Haupteigenschaft flüssiger und gasförmiger Stoffe, daß sie einer Gestaltänderung, einer Verschiebung der einzelnen Teile gegeneinander keinen Widerstand entgegensetzen, solange keine Zusammendrückung damit verbunden ist. Die Reaktion gegen eine Zusammendrückung fanden wir in den „longitudinalen Wellen" des Schalles; aber zur Fortpflanzung transversaler Wellen ist offenbar eine *elastische* Kraft nötig, die sich der relativen Verschiebung zweier Schichten gegeneinander (Abb. 26) entgegensetzt, eine sog. „Scherkraft", eine „Schubspannung". Der Äther muß also mit dem festen Körper die Eigenschaft, eine solche Scherkraft herzugeben, gemeinsam haben. Er kann aber andrerseits in keiner Weise auf eine Zusammendrückung reagieren; denn *nie* hat man eine Spur *longitudinaler* Wellenausbreitung im Äther gefunden. Dies ist nun aber eine Eigenschaft, die wir bei keinem festen Körper finden; denn alle leiten den Schall.

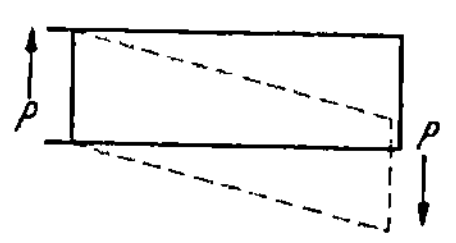

Abb. 26. Schubkraft. Zwingt man einem elastischen Körper eine Verschiebung seiner einzelnen Teile gegeneinander auf, etwa durch die beiden Kräfte P, so entstehen im deformierten Körper (---) Schubkräfte, welche die Deformation rückgängig zu machen suchen.

Besonders verlockend war lange die Auffassung des Äthers
als einer idealen, d. h. ganz reibungslosen, unzusammendrück-
baren Flüssigkeit, der man irgendwie elastische Eigenschaften
zudenken mußte. In einer solchen Flüssigkeit gibt es nämlich
Bewegungen, die „Wirbel“, welche unzerstörbar und undurch-
dringlich sind; Lord Kelvin (W. Thomson 1867) hat
darum eine Theorie erdacht, nach welcher die Atome Wirbel-
ringe (in Art der Rauchringe) im Äther sein sollten. Man hat
sich auch mit den Eigenschaften pulsierender fester Teilchen
in der Flüssigkeit beschäftigt und damit die Gravitations-
wirkungen zu erklären versucht. Es gibt wohl wenig Probleme in der Physik, an welche so viel Phantasie, forsche-
rische Arbeit und mühselige Rechnung gewendet wurde, wie
an die Aufklärung der Eigenschaften des Äthers aus *mechanischer* Anschauung heraus, d. i. in Anlehnung an die mechanischen Eigenschaften der greifbaren Materie. Niemals ist das
Ziel in einigermaßen befriedigender Weise erreicht worden;
selbst Grundprobleme, wie die Verteilung der ankommenden
Lichtintensität auf das reflektierte und das gebrochene Licht
an einer Trennungsfläche, haben nie ganz klare Lösungen gefunden.

Elektromagnetische Erscheinungen.

Klarheit und restlose Erfassung der Vorgänge im Äther
lieferte erst das in Jahrzehnten genialster und mühevollster
Arbeit gewonnene Eindringen in die elektrischen und magnetischen Erscheinungen. Durch diese Erkenntnisse wird die Feldtheorie erst vollkommen vom Korpuskelbild und von jeder
mechanischen Vorstellung losgelöst und in ein geschlossenes
System gebracht, das die weiten Gebiete der Elektromagnetik
und Optik beherrscht.

Die ersten elektrischen und magnetischen Phänomene, die
man um die Wende des 18. Jahrhunderts kennen lernte, waren
von solcher Beschaffenheit, daß sie sich einigermaßen mit den
Mitteln der *Korpuskeltheorie* begreifen ließen: Zwei elektrisch
geladene Körper stoßen sich ab, wenn sie beide positive oder
beide negative Ladungen tragen, ziehen sich an, wenn die
Ladung des einen positiv, die des anderen negativ ist. Zwei

Magnetpole stoßen sich ab, wenn beide Nordpole oder Südpole sind, ziehen sich an, wenn ein Nordpol einem Südpol
gegenübersteht; alle diese Anziehungen und Abstoßungen hängen von der Entfernung der beiden Körper, die elektrisch oder
magnetisch erregt sind, genau so ab wie die Anziehung nach
dem Gravitationsgesetz. Die zwei Arten der elektrischen Ladungen und der magnetischen Pole haben kein Analogon
bei der Gravitation; aber die Fernkraft als solche, die Materie als Träger der Erscheinungen, ja selbst das
Strömen elektrischer Ladungen von einem Ort zum
andern, das man als „*elektrischen Strom*" bezeichnet, sind mechanischen Vorgängen sehr ähnlich. Auch
die Wirkung von elektrischen Strömen aufeinander wurde noch von Ampère (1823) als Fernwirkung angesehen. Die vollkommen gleiche Wirkung
eines Magnetpols und eines
Stromkreises wurde auch
damals schon (wie heute
noch) dadurch gedeutet,

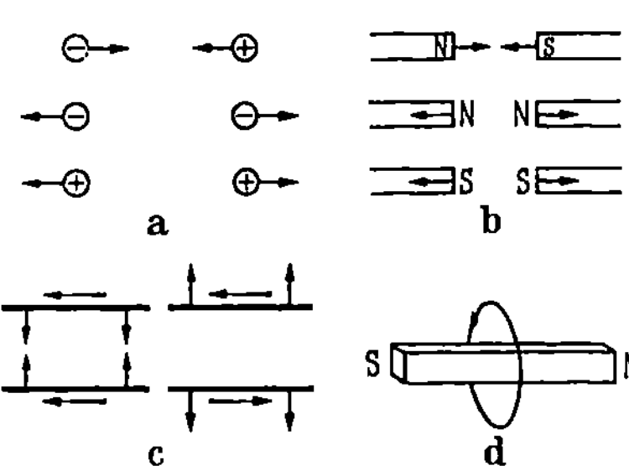

Abb. 27. Elementare elektromagnetische
Erscheinungen: a) Ungleichnamige elektrische Ladungen ziehen sich an, gleichnamige stoßen sich ab. b) Ungleichnamige Magnetpole ziehen sich an, gleichnamige stoßen sich ab. c) Gleichgerichtete elektrische Ströme ziehen sich an,
entgegengesetzt gerichtete stoßen sich
ab. d) Ein Kreisstrom ist vollkommen
äquivalent einem Magneten. Magnetische
Ladungen gibt es nicht.

daß man im magnetischen Stoff elementare kleine Kreisströme annahm. Diese Auffassung des Magnetismus erklärt
unmittelbar die Tatsache, daß es *keine magnetischen Ladungen* geben kann; ein Kreisstrom hat immer zwei Seiten
und ist immer äquivalent einem Magneten mit Nord- und
Südpol. Auch im kleinsten Stück eines magnetischen Stoffes
sind immer beide Pole vorhanden, während man die beiden
entgegengesetzten elektrischen Ladungen beliebig weit trennen kann.

So sah man als Elementargesetze der Elektromagnetik die Gesetze der Fernwirkung zwischen geladenen Körpern und Strömen an, die man — wie es bei allen Elementargesetzen nötig

ist — als gültig für beliebig kleine Ladungen und Stromele-
mente formulierte. Auf Grund dieser nach Vereinigung mit
der mechanischen Korpuskulartheorie hinneigenden Auffassung haben große Forscher noch während des ganzen 19. Jahrhunderts wichtige Entdeckungen gemacht; die großen, auch
technisch wichtigen Gebiete der Elektro- und Magnetostatik,
in denen alle Vorgänge auf elektrische Ladungen und deren
gleichmäßige Bewegung zurückgeführt werden können, lassen
sich durch diese Theorie auch vollständig beherrschen. Nach
dieser Auffassung spielt sich das elektro-magnetische Geschehen lediglich in den geladenen
oder durchströmten Körpern ab,
die durch *Fernkräfte* aufeinander
wirken; Vorgänge *im leeren Raum,*
wie in der Optik, gibt es *nicht.*

Mit ganz entgegengesetzten Anschauungen ging F a r a d a y (1831)
an die Untersuchungen über die
Wirkung von ungleichförmigen
Strömen und Stromstößen heran;
er fand die Gesetze der elektromagnetischen „*Induktion*": Wenn
durch einen Leiter I, etwa einen

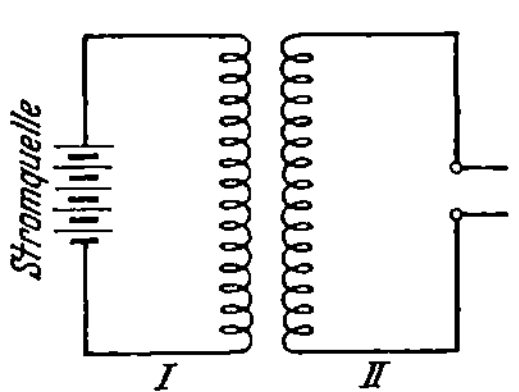

Abb. 28. Induktion. Im
Draht *II* fließt ein Strom
nur dann, wenn der Strom
in *I* verändert (z. B. ein-
oder ausgeschaltet) oder die
Lage von *I* gegen *II* geändert wird.

Kupferdraht, ein gleichförmiger elektrischer Strom fließt,
etwa durch eine Batterie erregt, so fließt deswegen noch
kein Strom in einem andern Leiter II, der sich in der
Nähe des ersten befindet. Wird aber der Strom in I plötzlich aus- oder eingeschaltet oder in seiner Stärke *verändert,*
oder wird die Lage von I gegen II verändert, so beobachtet man in II gleichfalls einen Strom, und zwar um so
stärker, je größer die Veränderungs*geschwindigkeit* in I ist.
Dasselbe kann durch Bewegung eines Magneten erreicht werden. Wird in I durch einen Unterbrecher oder durch einen
Wechselstromgenerator ein ständig wechselnder Strom unter-
halten, so rufen die ständigen Veränderungen der Stromstärke
in I auch ständig wachsende und wieder abnehmende Ströme
in II hervor; es fließt also in II gleichfalls ein *Wechselstrom.*
Diese Erscheinungsgruppe — Wirkung von Stromänderungen —

hat keine Analogon in der bekannten Welt der Fernkräfte; es
ist unmöglich, sie auf dieser Basis zu erfassen; F a r a d a y war
sich von Anfang an darüber klar, daß hier eine Wirkung, ein
Signal durch den materiefreien Raum, also durch eine Art
„*Äther*" auftritt, daß sogar die wesentlichen Vorgänge sich
hier im Äther abspielen, und daß die sog. Ladungen und Ströme
nur die Wirkung dieser Vorgänge auf die den Raum begren-
zenden Körper darstellen. F a r a d a y ist eigentlich nicht durch
seine Entdeckungen zu dieser Anschauung geführt worden;
die Anschauung saß vielmehr von vornherein fest in ihm, und
er ist durch sie auf den Weg zu den Entdeckungen gedrängt
worden.

**Die Feldauffassung der elektromagnetischen
Erscheinungen**

muß auch zunächst einen Träger dieser Erscheinungen im
materiefreien Raum, einen „Äther", annehmen; dieser hatte
ursprünglich noch nichts mit dem Äther, den wir als Träger
der Lichtfortpflanzung zu besprechen hatten, zu tun. Für
F a r a d a y war es selbstverständlich, daß die beiden Äther
irgendwie zusammenhängen müßten, daß also eine Beziehung
zwischen Elektrizität und Licht bestehen müßte; er hat auch
nach vielen vergeblichen Versuchen solche Beziehungen gefunden. Aber erst die vollkommene mathematische Fassung der
F a r a d a y schen Ideen durch M a x w e l l (1856, 1873) führte
zum vollen Verständnis des Zusammenhangs und zur Berechtigung, die beiden für verschiedene physikalische Erschei-
nungsgruppen eingeführten Äther-Begriffe zu identifizieren.
Die wichtigsten Grundgedanken seien im folgenden skizziert:

Das elektromagnetische Feld im Äther wird beschrieben
durch 2 Größen von bestimmter Stärke und bestimmter Richtung, die elektrische und die magnetische „*Feldstärke*", die in
jedem Punkt des Äthers einen bestimmten Wert haben. Dieser
Wert wird auch für diese Größen, wie für alle gerichteten
Größen (s. S. 7), durch je 3 Zahlwerte angegeben. Zur besseren Vorstellung denke man an die Strömung etwa in einem
Bassin, in welches das Wasser an einer Öffnung (Quelle)
hineindringt, an einer anderen Öffnung (Senke) herausfließt.

66

Das ganze in dem Bassin befindliche Wasser ist in ständiger
Bewegung, manche Teile in starker, manche in schwacher.
Wenn man angibt, wie groß die Geschwindigkeit des Wassers
in jedem Punkte ist, und welche Richtung sie hat, so ist das
„*Strömungsfeld*" vollkommen beschrieben. Ganz ebenso können wir den elektrischen Zustand des leeren Raumes, das
„*elektrische Feld*", etwa unter Einfluß eines positiv (Quelle)
und eines negativ geladenen Körpers (Senke) beschreiben, indem wir in jedem Punkt des Raumes die elektrische Feld-

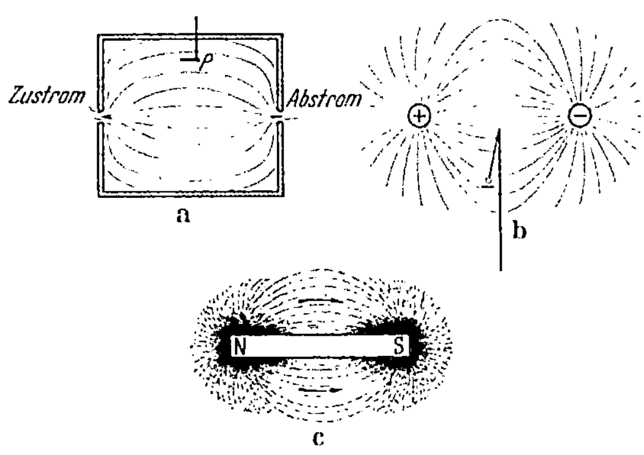

Abb. 29. Strömungsfeld und elektrisches oder magnetisches Feld.
a) Die Stromlinien zeigen überall die Richtung der Strömungsgeschwindigkeit an, deren Größe an jeder Stelle durch ein Meßinstrument (P) bestimmt
werden kann. b) Die Kraftlinien geben überall im Raum die Richtung der
dort herrschenden elektrischen Feldstärke an, deren Größe an jeder Stelle
durch die Wirkung auf eine Ladung gemessen werden kann. c) Eisenfeilspäne
im Bereich eines Magneten stellen sich von selbst so ein, daß die Kraftlinien hervortreten. Dasselbe leisten Gipskriställchen auf einer Glasplatte
im elektrischen Feld.

stärke — die durch ihre Kraftwirkung auf eine Probeladung
überall gemessen werden kann — angeben. Betrachten wir nur
die Richtung in jedem Punkt, so können wir Linien durch
den Raum ziehen, die in jedem Punkt die Richtung der elektrischen Feldstärke haben; diese in der elektrotechnischen
Praxis viel verwendeten Linien nennt man „*Kraftlinien*".
Längs einer solchen Kraftlinie würde sich z. B. ein positiv ge-
ladenes Probekörperchen bewegen, das man in die Nähe des
negativ geladenen Körpers brächte. Im hydrodynamischen Bild

kann man auch solche „*Stromlinien*" ziehen, die in jedem Punkt die Richtung der dort herrschenden Geschwindigkeit haben; längs dieser Stromlinien bewegt sich dann ein von der Strömung mitgenommener Körper. Auf Einzelheiten, die man aus Kraftlinienzeichnungen ablesen kann, soll hier nicht eingegangen werden; die Abbildungen sollen nur den Begriff des „*Feldes*" im Äther anschaulich machen.

Ampèresches und Faradaysches Gesetz.

Aus den früheren Darlegungen können wir nun entnehmen, daß überall in der Umgebung eines elektrischen Stromes ein magnetisches Feld existiert, dessen Kraftlinien in Kreisen den Strom umschließen; Abb. 3o zeigt, wie es nur eine Folge dieser Tatsache ist, daß aus einer elektrischen Spule die Kraftlinien wie aus einem Magneten heraustreten. Ein Grundgesetz der elektromagnetischen Feldtheorie muß also den quantitativen *Zusammenhang zwischen einem elektrischen Strom und einem magnetischen Feld* enthalten (*Ampèresches Gesetz*). Wir können hier das Gesetz nicht

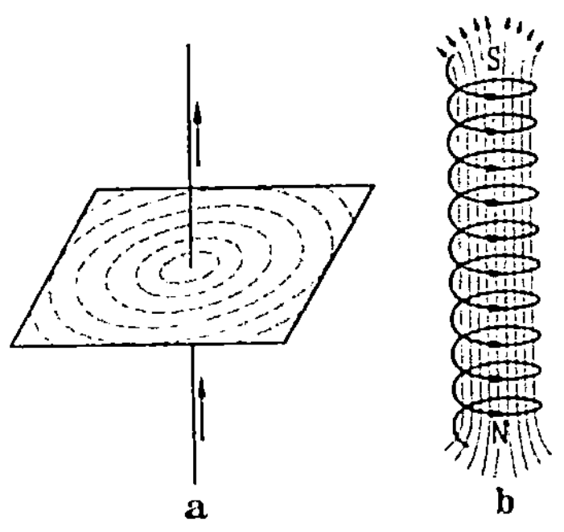

Abb. 30. Magnetische Kraftlinien um elektrische Ströme. a) Geradliniger Strom. b) Spule (Solenoid).

quantitativ aussprechen; dazu bedürfte es mathematischer Formeln. Wir heben nur hervor, daß das Magnetfeld den Strom *umschlingt,* und können ein hydrodynamisches Gleichnis angeben: Wenn man aus einem Gefäß mit Wasser einen eingetauchten Stab plötzlich herauszieht (oder den Löffel aus dem Kaffee), so sieht man, daß die Teilchen an den vom Stab verlassenen Stellen die Achse einer Wirbelbewegung bilden, um welche alle andern Wasserteilchen kreisförmig herumgeführt werden. Die Wirbelachse — die man in der Hydrodynamik den „Wirbel" nennt — und das Geschwindigkeitsfeld im Wasser gehorchen den gleichen Gesetzen wie der elektrische Strom und das ihn umschlingende Magnetfeld.

68

Diese Verwandtschaft hat die Spekulation über die Eigenschaften des Äthers stark angeregt.

Das *Induktionsgesetz (Faradaysche Gesetz)* wird viel anschaulicher, wenn wir es nach der Feldauffassung aussprechen: Wenn *in irgendeinem Punkte des Raumes* das *magnetische Feld sich ändert* — ganz gleichgültig, ob durch Bewegung eines Magneten oder durch Änderung eines elektrischen Stromes in der Umgebung des Punktes —, so *entsteht* im Raum um den Punkt ein *elektrisches* Feld, und zwar ist dessen Größe der Änderungsgeschwindigkeit des magnetischen Feldes proportional und seine Richtung so bestimmt, daß sie die Richtung dieser Änderungsgeschwindigkeit umschlingt — genau so wie das magnetische Feld nach dem A m p è r e schen Gesetz den Strom umschlingt.

Diese zwei Gesetze genügen, um alle Vorgänge im *elektromagnetischen Äther* zu beschreiben; wo die elektrischen Kraftlinien entspringen, da sprechen wir von *Ladungen;* magnetische Kraftlinien entspringen nirgends, sondern sind immer in sich geschlossen. So wird das Schwergewicht der Vorgänge durch diese Auffassung in das Feld, den Äther verlegt; Ladungen und Ströme sind Begleiterscheinungen dieser Äthervorgänge.

Elektromagnetik und Optik.

Auf dieser Stufe tritt natürlich sofort die Frage nach der Beziehung dieses *Feldes zum Lichtfeld* auf; es lag ja immer nahe, eine Verknüpfung irgendwelcher Art zwischen dem Lichtäther und dem elektromagnetischen Äther zu vermuten. Die Grundgesetze lauten zwar ganz verschieden; aber es stand schon für F a r a d a y von vornherein fest, daß eine Beziehung vorhanden sein müsse. F a r a d a y gelang es auch schon (1846), optische Vorgänge elektromagnetisch zu beeinflussen; doch gaben die komplizierten Experimente noch keinen klaren Hinweis auf die Art der Verknüpfung. Bedeutungsvoller war schon die Entdeckung W e b e r s (1857), daß in den Grundgesetzen der Elektrodynamik die *Lichtgeschwindigkeit* auftritt. Es würde zu weit führen und besonders für den Nichtphysiker recht undurchsichtig sein, wenn wir hier die W e b e r schen

Versuche ausführlich beschreiben wollten; daher stehe an
deren Stelle ein Gedankenexperiment (Abb. 31): Zwei metallische Leiter, die irgendwie gestaltet sein mögen, seien so voneinander abgeschirmt, daß nur die beiden kurzen, parallelen
Stückchen aufeinander wirken, und die dadurch entstehende
Kraft gemessen werden kann. Lädt man die beiden Stückchen
mit gleichnamiger Elektrizität auf, so stoßen sie sich ab; läßt
man gleiche und gleichgerichtete Ströme durch beide gehen,
so ziehen sie sich an. Nun können
wir uns weiter die Ströme dadurch
erzeugt denken, daß die Ladungen
auf den beiden Stückchen mit gleicher Geschwindigkeit in gleicher
Richtung bewegt werden. Dies ist
eigentlich nicht so selbstverständlich, wie es in unserer Darstellung
erscheinen mag, aber durch Versuche (Rowland 1876) sichergestellt. Je größer die Geschwindigkeit, um so stärker der Strom,
um so größer die anziehende Wirkung. Bei einer bestimmten (praktisch nicht erreichbaren) Geschwindigkeit wird die Anziehung gerade
groß genug, um der elektrostatischen Abstoßung das Gleichgewicht zu halten. Diese Geschwin

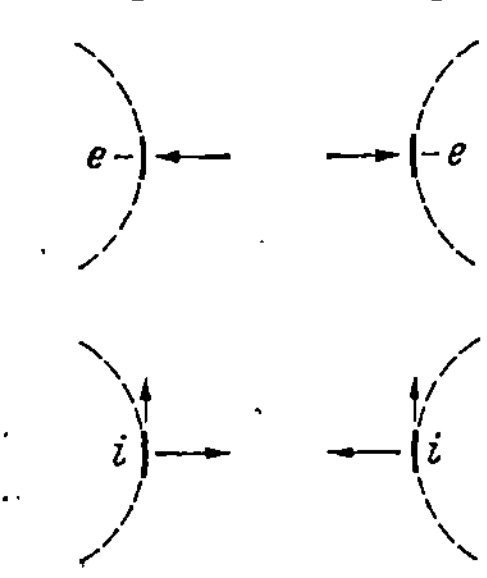

Abb. 31. Größenverhältnis elektrostatischer und elektrodynamischer Kräfte. Die gleichen Ladungen (*e*) der beiden kleinen Leiterstücke stoßen sich ab, die gleichgerichteten Ströme ziehen sich an. Die für die relative Größe der beiden Kräfte maßgebende Geschwindigkeit wird gleich der Lichtgeschwindigkeit gefunden.

digkeit spielt offenbar eine ausschlaggebende Rolle in den
elektromagnetischen Grundgesetzen, indem sie die relativen
Größenverhältnisse der elektrostatischen und der elektromagnetischen Kräfte regelt; und diese Geschwindigkeit wird
in den Versuchen gleich der *Lichtgeschwindigkeit* gefunden.

Aber noch führt kein Weg zur Auffassung des Lichtes als
einer elektromagnetischen Erscheinung; nach der bisher geschilderten Theorie entstehen magnetische Felder nur an
Strömen; Änderungen von Strömen rufen im Außenraum
elektrische Felder hervor; aber diese Erregung wandert nicht
in den Äther hinein, wie die Lichterregung es tut. Dies wäre

nur dann der Fall, wenn *die Änderung eines elektrischen Feldes im Äther ihrerseits genau so ein magnetisches Feld* hervorriefe, wie es nach dem F a r a d a y schen Induktionsgesetz umgekehrt der Fall ist. Für ein solches Verhalten gab es zu F a r a d a y s und M a x w e l l s Zeiten keinen Anhaltspunkt in den Versuchen; aber die Versuche widersprachen einer solchen Annahme auch nicht; die Wirkung lag eben unter der Grenze des Meßbaren. M a x w e l l nahm nun diese Gegenseitigkeit der Felder wirklich an; er folgte dabei seinem Symmetriegefühl und der Überzeugung, daß auch das elektromagnetische Feld im Äther fortschreiten müsse, wie das optische, daß also das Licht unter die elektromagnetischen Erscheinungen eingeordnet werden müsse. Das A m p è r e sche Gesetz erfährt also durch M a x w e l l eine Ergänzung in dem Sinn, daß nicht nur ein elektrischer Strom, sondern auch eine *Änderung der elektrischen Feldstärke* in irgendeinem Punkte des leeren Raumes (ein sog. „*Verschiebungsstrom*") ein *umschlingendes Magnetfeld hervorruft.*

Die mathematische Fassung der beiden Grundgesetze mit dieser Ergänzung — zusammen mit den Aussagen, daß die Quellen der elektrischen Feldstärke Ladungen sind, und daß es keine magnetischen Ladungen gibt — nennt man die *M a x w e l l schen Gleichungen;* sie sind als die fundamentalen Gesetze der Feldtheorie anzusehen und spielen hier die analoge Rolle zu den N e w t o n schen Grundgesetzen in der Korpuskulartheorie.

Die M a x w e l l schen Gleichungen beschreiben nicht nur vollkommen alle elektromagnetischen Vorgänge, sondern auch alle *optischen Erscheinungen.* Der Mathematiker sieht das nicht allzu schwer aus seinen Formeln; ohne Mathematik erfordert die Einsicht ein großes Vorstellungsvermögen. Abb. 32 soll ein wenig helfen, wenn sie natürlich auch nur als grobe Vereinfachung genommen werden kann: Wenn in I ein Wechselstrom hin und her schwingt, so erzeugt er um sich herum ein hin und her schwingendes Magnetfeld nach dem A m p è r e schen Gesetz (Kreis *a*, magnetische Kraftlinie, mit dem Wechselstrom hin und her schwingend). Jedes Element dieses Magnetfeldes erzeugt aber nach dem Induktionsgesetz ein wechselndes elektrisches Feld, natürlich nach allen Richtungen hin; wir heben nur das Element d des magnetischen Feldes, ein kleines Teilchen der eingezeichneten Kraftlinie a hervor und das dazu gehörige, das Feldelement umschlingende wechselnde elektrische Feld b. Dieses nun erregt nach der Maxwellschen Ergänzung des Ampèreschen Gesetzes ein Magnetfeld, von welchem eine Kraftlinie c in der Abbildung gezeichnet ist; die unendlich vielen elementaren Felder, die so erregt werden, interferieren nun in der Weise, die oben bei Wellenvorgängen besprochen worden ist. An den gezeichneten Teilen sieht man aber, wie auf diese Weise die Erregung *fortschreitet*, und zwar mit der Geschwindigkeit, die für alle elektromagnetischen Erscheinungen charakteristisch ist, und die *gleich der Lichtgeschwindigkeit* gefunden wird.

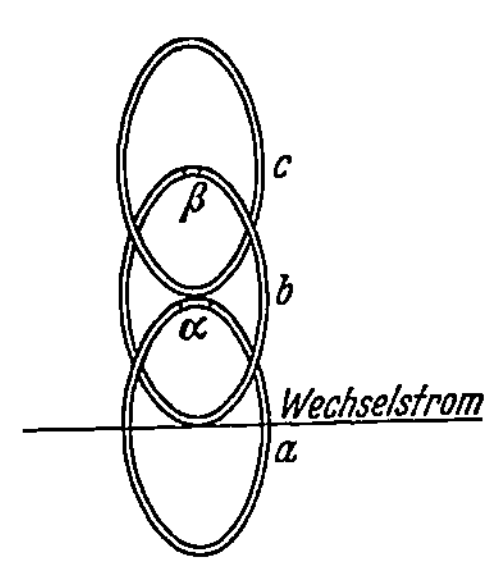

Abb. 32. Fortpflanzung der elektromagnetischen Erregung. *a* Magnetische Kraftlinie um Wechselstrom, periodisch schwankend. *b* Elektrische Kraftlinie, periodisch schwankend, induziert durch Änderung der magnetischen Feldstärke in dem Element α der Kraftlinie *a*. *c* Magnetische Kraftlinie, periodisch schwankend, induziert durch Änderung der elektrischen Feldstärke (Verschiebungsstrom) im Element β der Kraftlinie *b*.

Das durch einen wechselnden Strom erzeugte Feld im Äther hat alle Eigenschaften des Lichtes. Auf Grund der Maxwellschen Gleichungen gelingt eine viel vollständigere Behandlung der optischen Erscheinungen und wird eine viel vollkommenere Übereinstimmung mit der Erfahrung erzielt als in irgendeiner der früheren Ätherauffassungen. Gleichzeitig ergeben sich Zusammenhänge zwischen optischen und elektrischen Eigenschaften von Körpern, und eine Reihe von experimentellen Neuentdeckungen über die Beziehung zwischen Elektrizität und Licht ist die unmittelbare Folge der Erkenntnis des Zusammenhanges.

Elektromagnetische Wellen.

Die wichtigste dieser Entdeckungen sind die *Hertzschen elektrischen Wellen*, über deren Bedeutung und Wesen in der

Zeit des Rundfunks nichts gesagt zu werden braucht. Vielleicht hat mancher Leser bei Erwähnung des Wechselstromes gestutzt und das Auftreten von Lichterscheinungen bei dem technisch üblichen Wechselstrom vermißt. Nach der Theorie muß auch bei diesem eine Ausstrahlung in den Äther hinaus nach Abb. 32 stattfinden, aber sie muß außerordentlich schwach sein; die Ausstrahlung wird nämlich um so größer (und zwar quadratisch), je größer die Schwingungszahl in der Sekunde ist; beim technischen Wechselstrom ist diese etwa 5o, beim Licht rund 5oo Billionen. Wir müssen in den leuchtenden Körpern kleine hin und her schwingende Ladungen annehmen, die so rasch schwingen und infolgedessen soviel ausstrahlen; von diesen wird im nächsten Kapitel noch ausführlich die Rede sein. Aber es gibt doch auch noch ein Zwischending zwischen 5o und 5oo Billionen, und als es Hertz (1887) gelang, elektrische Ströme 100 000 mal in der Sekunde hin- und hergehen zu lassen, da konnte er eine erhebliche Ausstrahlung feststellen und alle elektrisch-optischen Eigenschaften dieser Wellenstrahlen untersuchen. Heute ist es durch die Kurzwellentechnik und die Optik des „Infraroten" gelungen, den ganzen Bereich der Wellen von den elektrotechnischen bis zu den optischen Schwingungszahlen herzustellen und zu untersuchen. Von den technischen Anwendungen brauchen wir wohl nicht zu sprechen; all dies wäre nicht möglich gewesen, wenn nicht Maxwells geniale Konzeption die Feldtheorie der elektromagnetisch-optischen Erscheinungen klargestellt hätte.

Aber auch nach der Seite noch rascherer Schwingungen hin gelangte die Feldauffassung zu weiteren Triumphen. Als die *Röntgenstrahlen* entdeckt waren (1895) und nicht nur technisch, sondern auch rein wissenschaftlich immer wachsende Bedeutung erhielten, lag der Gedanke von vornherein nahe, daß es sich dabei um Ätherschwingungen handle, die noch rascher als die Lichtschwingungen verlaufen. Doch ließ sich zunächst diese Auffassung nur auf Grund schwieriger und wohl auch nicht ganz eindeutiger Experimente erweisen; und ganz andere Vorstellungen wurden durch Tatsachen gestützt, auf die wir im vierten Kapitel ausführlich eingehen müssen.

Eine zwingende Entscheidung konnte nur durch Nachweis der
Interferenz gebracht werden; aber woher Beugungsgitter
nehmen, die mindestens 1000 fach so fein sein müßten wie die
auf S. 56 erwähnten Wunderwerke? Das geht über die Grenzen menschlicher Kunst. Da kam v. L a u e (1912) auf den

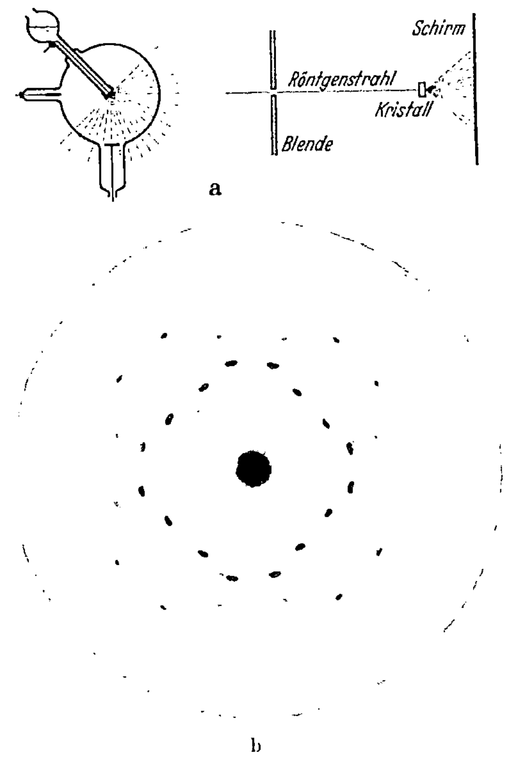

Abb. 33. L a u e - Diagramm.   a) Anordnung.   b) Beugungsbild. Röntgenstrahlen werden im Kristall gebeugt; sie interferieren; auf dem Schirm
entsteht das Beugungsbild b).

schönen Gedanken, die regelmäßigen Gitter, die man in der
Atomstruktur der Kristalle vermutete, als Beugungsgitter
für Röntgenstrahlen zu verwenden. Der Erfolg war ein durchschlagender: Bilder wie Abb. 33 gaben den Beweis der
Wellennatur der Röntgenstrahlen; sie zeigten das Zusammen

74

wirken räumlich getrennt laufender Erregungen, das die
Interferenz ausmacht; sie gestatteten die Bestimmung der
Wellenlänge von Röntgenstrahlen (1 Millionstel bis 1 Milliardstel Zentimeter, entsprechend Schwingungszahlen bis zu
10 Trillionen in der Sekunde) und eröffneten nebenbei einen
Weg zur direkten Erforschung der Kristallstruktur.

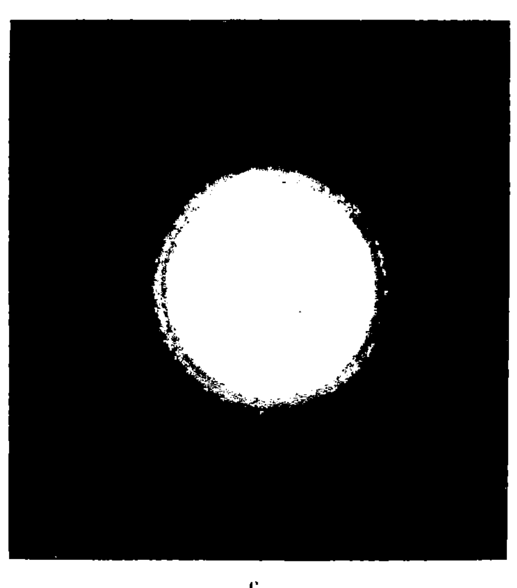

Abb. 33. Laue-Diagramm. c) Beugungsbild von pulverisierten Kristallen
oder amorphen Körpern (nach Debye-Scherrer).

Äther?

So werden die weitesten Gebiete der Physik von der Maxwellschen Feldtheorie erfaßt und zahlenmäßig beherrscht;
und zwar spielen sich diese Feldvorgänge *im leeren Raum* ab
und werden nur etwas modifiziert durch die materiellen Körper, in denen gleichfalls Felder auftreten. Der Äther durchdringt auch die Materie; die „Physik des Äthers" ist in
idealer Weise durch das Feldbild zu überblicken; das Korpuskularbild ist hier verschwunden. Der Äther hat in diesem
Stadium der physikalischen Erkenntnis keine Ähnlichkeit
mehr mit irgendeinem materiellen, aus Korpuskelbewegungen
aufgebauten Feld. Die Feldeigenschaft kommt nicht mehr,

wie in der Hydrodynamik, heraus als das Schlußergebnis
einer ungeheuren Menge von Elementarprozessen, nämlich der
Korpuskelbewegungen, sondern sie ist selbst letzte Tatsache
der Physik. *Äther ist* der Stoff, *das Medium, in welchem die
Maxwellschen Gleichungen gelten.* Die Konstruktion eines
mechanischen — flüssigen oder festen oder irgendwie be-
schaffenen — Stoffbildes für die Vorgänge im Äther ist auf-
gegeben; das Problem existiert gar nicht mehr. Der Äther
ist restlos beschrieben durch die Maxwellschen Gleichungen; kein materieller Stoff hat eine so befriedigende Beschreibung durch physikalische Gesetze gefunden.

„Aber du kennst den Äther doch nicht!" meint wohl mancher Nichtphysiker zunächst. „Im Gegenteil", antwortet der
Physiker, „der Äther ist sogar derjenige Teil der Welt —
und ein bedeutender Teil, kein leerer, physikalisch inhaltloser
Raum —, den ich am besten kenne; ich habe ja meine herr-
lichen Maxwellschen Gleichungen!"

Wenn nun der Träger eines Feldes nichts Materielles oder
Quasimaterielles mehr ist, wozu dann überhaupt noch von
einem „Träger" reden? Wir beschreiben durch die Maxwellschen Gleichungen „*das Feld*", das im leeren Raum und in
der Materie existiert; was gewinnen wir, wenn wir noch einen
„Äther" einführen?

In der Grundmauer der physikalischen Erkenntnis liegt nun
nicht mehr eine mechanisch-korpuskulare Theorie, sondern
eine elektromagnetische Feldtheorie.

<h3 style="text-align:center">Relativitätstheorie.</h3>

Es geht aber noch eine Stufe höher hinauf: Die Vollendung der reinen Feldtheorie, die den letzten Rest mechanischer Vorstellungsmöglichkeit dem Äther nimmt, ist die sog.
Relativitätstheorie (Einstein 1905). Sie beruht auf der aus
sehr genauen Versuchen erschlossenen Tatsache, daß dem
Äther kein bestimmter Bewegungszustand zugeschrieben werden kann; ein solcher ist aber das allererste Bestimmungs-
stück eines mechanischen Gebildes; daß die Feldtheorie ohne
Widerspruch — und nur unter Opfer von allzu gewohnten
Vorstellungen — aufzubauen ist, ohne daß dem Träger dieses

Feldes ein bestimmter Bewegungszustand zugeschrieben werden muß, ist der Hauptinhalt der Theorie. Auf das großartige Gedankensystem selbst kann hier nicht eingegangen werden [1].

Die allgemeine Feldtheorie findet eine Erweiterung noch in der allgemeinen Relativitätstheorie (Einstein 1915), insofern dort Feldgleichungen der Gravitation abgeleitet werden, aus denen die Gesetze der Newtonschen Fernwirkungskräfte als erste Näherungen folgen, die aber darüber hinaus eine genauere Beschreibung der Planetenbewegung liefern und den Einfluß des Gravitationsfeldes auf elektromagnetisch-optische Vorgänge angeben. Noch sucht man die Erkenntnis, welche das Gravitationsfeld und das elektromagnetische Feld als ein einziges erscheinen ließe; aber auch ohne diese letzte Vollendung ist die in einem Jahrhundert genialer Forschung aufgebaute Feldtheorie der umfassendste und tiefste Gedankenkreis der Physik.

Drittes Kapitel.

Elektronen und Quanten.

Übersicht.

Die Betrachtung des elektromagnetischen Feldes drängte in unserem Gedankengang die elektrischen Ladungen und Ströme als beinahe sekundäre Erscheinungen in den Hintergrund und tat dies auch weitgehend für einige Forschergenerationen. Die weitere Entwicklung brachte nun eine große Reihe von Entdeckungen, die aus keiner Theorie hatten vorhergesehen werden können; durch diese wurden die Ladungen wieder mehr in den Vordergrund gerückt, die Ströme völlig als Bewegung von Ladungen erkannt, und eine Verbindung zwischen Feld- und Korpuskelbild hergestellt, die der früheren Physik

---

[1] Interessierte Leser verweise ich auf meine Darstellung in Bd. 14 der Sammlung „Verständliche Wissenschaft"; sie finden dort auch manche Überlegungen, durch welche die Ausführungen dieses Bandes ergänzt werden.

vollkommen gefehlt hat. In der Tat hat die um die Jahrhundertwende aufwachsende *Elektronen*theorie einen einheitlichen Überblick über die physikalische Welt gegeben wie
keine Anschauung vorher; sie hat unbeschränkte Erkenntnishoffnungen erweckt und zu einer kaum übersehbaren Reihe
von Entdeckungen geführt. Aber theoretisch ist ihr Siegeslauf gehemmt worden durch die Erfolge einer ganz andern,
der Feld- wie der Korpuskeltheorie gleich fremden Erkenntnis,
die sich bildlicher Fassung entzog, aber offenkundig tiefer in
die Naturvorgänge hineinleuchtete, die *Quanten*theorie. Durch diese wurde die einfache Vereinigung der beiden in diesem Büchlein verfolgten Ideenkreise gründlich gestört.

Das Elektron.

Die von Faraday schon ausführlich untersuchten Erscheinungen der *Elektrolyse* (Abb. 34) deutet man heute in der Weise, daß man schon in der vom Strom nicht durchflossenen Lösung jedes Molekül in zwei sog. Ionen, d. i. entgegengesetzt elektrisch geladene Teilchen zerspalten annimmt; wird dann eine Spannung, etwa durch einen Akkumulator, angelegt, so

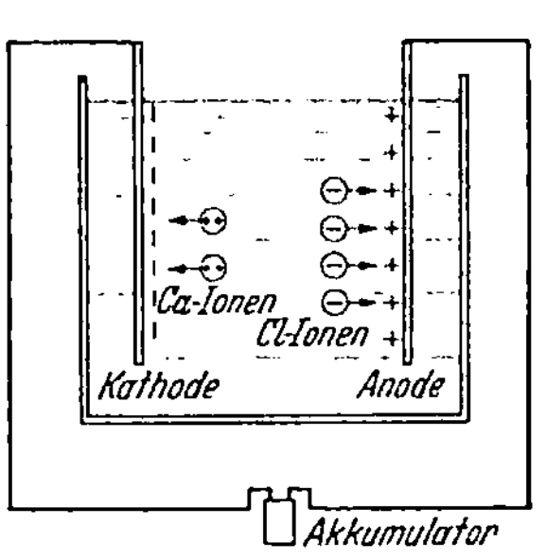

Abb. 34. Elektrolyse. In der Lösung bestehen keine ganzen Atome $CaCl_2$, sondern zweifach positiv geladene Ca-Ionen und einfach negativ geladene Cl-Ionen. Bei Anlegen einer elektrischen Spannung wandern erstere nach der Kathode, letztere nach der Anode.

lädt sich eines der beiden in die Lösung tauchenden Metallstücke („Elektroden" oder „Pole") positiv, das andere
negativ auf, und es bildet sich in der Lösung ein Strom
aus, bei welchem positiv geladene Materieteilchen nach dem
negativen Pol („Kathode"), negativ geladene Teilchen nach
dem positiven Pol („Anode") wandern. Faraday (ab 1834)
fand eine bestimmte zahlenmäßige Verbindung zwischen dem
Strom, d. i. der transportierten Ladungsmenge und der gleichzeitig transportierten Stoffmenge. Wenn wir gleich die oben
(S. 28) besprochenen atomistischen Vorstellungen benutzen,
so läßt sich das Faradaysche Gesetz so aussprechen: Jedes

„Ion", das bei der Elektrolyse aus einem Molekül herausgerissen wird (z. B. das 1 Kalzium- und die 2 Chloratome, die vorher eine Verbindung Kalziumchlorid gebildet haben), *trägt nur das Einfache oder Mehrfache einer bestimmten elementaren Elektrizitätsmenge* mit sich, und zwar für jede zerrissene chemische Bindung („Valenz") das Einfache; das Kalziumatom trägt also in unserem Beispiel 2 (positive) Elementarladungen, jedes Chloratom eine (negative) Elementarladung. In dieser Erscheinungsgruppe zeigt also nicht nur die Materie, sondern mit ihr die *elektrische Ladung eine atomistische Struktur;* jede hier auftretende Ladung ist das

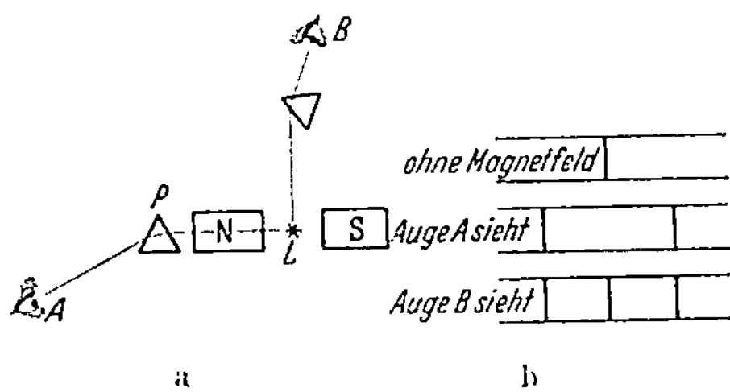

Abb. 35. Z e e m a n n - Effekt. a) Anordnung. b) Spektren. Lichtquelle L einer Farbe zwischen den Polen eines Magneten zeigt die Spektren b); P Prismen.

ganze Vielfache einer einzigen kleinsten Ladung, die in gleicher absoluter Größe positiv oder negativ sein kann.

F a r a d a y hat allerdings diese Konsequenz nicht gezogen; denn zu seiner Zeit erschienen die atomistischen Vorstellungen noch nicht so zwingend wie später; erst H e l m h o l t z (1881) hat darauf hingewiesen; zur allgemeinen Theorie wurde sie zuerst von L o r e n t z (1895) erhoben, der dabei alte, noch auf rein korpuskulartheoretischer Basis erwachsene Anschauungen von W e b e r neu belebte und gleich eine sehr wichtige neue Erscheinung auf Grund seiner Theorie finden lehrte, den Z e e m a n n - Effekt (Abb. 35). Z e e m a n n (1896) unterwarf das einfarbige Licht einer Natriumflamme einem starken Magnetfeld und gewann dadurch im Spektrum anstatt einer Linie 3 Linien, wenn er senkrecht zu den Kraftlinien beobachtete, 2 Linien, wenn er in Richtung der Kraftlinien

sah. Diese und andere lichtelektrische Erscheinungen wurden
verständlich auf Grund der Vorstellung, wonach die Lichtschwingungen von hin und her schwingenden *negativen*
Elementarladungen, die man schlechthin „*Elektronen*" nennt,
erzeugt werden. Die einfache Vorstellung, daß jede elektrische
Ladung aus Elektronen besteht, alle Ströme, gleichgültig ob
in Metallen, Lösungen oder Isolatoren, von der Bewegung
solcher Elektronen herrühren, eröffnet auch gleichzeitig zum
erstenmal einen Weg zur Aufklärung der individuellen Eigenschaften von Körpern, wofür der Maxwellschen Theorie
nur die Einführung von Materialkonstanten zur Verfügung
stand. In der Tat konnten Erscheinungen, wie die Dispersion
(Spektrum), die Beeinflussung der Polarisation des Lichtes
durch Magnetfelder u. dgl. bald durch die Elektronentheorie
erfaßt werden.

Korpuskulare Strahlen.

Wichtiger für unser Problem ist die ganze Reihe neu ent-
deckter Phänomene, in welchen die elektrische Ladung und
ihre atomistische Struktur rein zum Vorschein kommen: die
Kathoden-, Kanal- und Radiumstrahlen. Kathodenstrahlen
entstehen, wenn man in einem luftverdünnten Raum
(Geißlerröhre) ein bestimmtes hohes Vakuum erzeugt und
eine elektrische Spannung anlegt, an der Kathode (Hittorf
1869); Kanalstrahlen (Goldstein 1886) beobachtet man
unter den gleichen Umständen in einem luftverdünnten Raum
hinter der durchlöcherten Kathode. Strahlen ähnlicher Natur
treten ohne jedes Zutun von seiten des Forschers aus gewissen
chemischen Elementen aus, deren wichtigstes das Radium
(Becquerel 1896, Curie 1898) ist, und die man „*radio-
aktive Elemente*" nennt. Die Natur dieser Strahlen kann man
ergründen, indem man sie ein elektrisches oder magnetisches
Feld durchlaufen läßt (Abb. 36); ein elektrisches Feld wirkt nur
auf Ladungen, die Richtung der Einwirkung zeigt die Art (Vorzeichen) der Ladung an; ein magnetisches Feld wirkt nur auf
Ströme, d. i. bewegte Ladungen, die es um so stärker um
sich herumschlingt, je größer ihre Geschwindigkeit ist. Aus
der Größe dieser Einwirkungen kann man die Geschwindig-

keit und die Masse der Ladungseinheit (d. i. das Verhältnis
Masse zu Ladung) in den Strahlen messen. Entnimmt man
also weiterhin den Wert der *Elektronenladung* den oben
geschilderten elektrolytischen Erfahrungen, so kann man
auch auf die *Masse der Elektronen* schließen. Hierbei fand
man die erstaunliche Tatsache, daß diese Masse bei negativ
geladenen Strahlteilchen nur den 1800. Teil der kleinsten
bekannten Atommasse beträgt, was mit den Beobachtungen
beim Z e e m a n n - Effekt übereinstimmt. Man hatte also in den
„Elektronen" wesentlich kleinere Ge-
bilde als die Atome vor sich.

Weiterhin kann man die Strahlen
— die natürlich selbst nicht sichtbar
sind — an ihren Wirkungen auf Fluores-
zenzschirme, auf photographische Platten und auf Ionisationszellen erkennen
und messend erfassen. Ionisationszellen sind einfache Lufträume, an die
eine elektrische Spannung angelegt ist.
Gewöhnlich geht kein Strom hindurch;
denn das Phänomen der Elektrolyse
gibt es nicht bei Gasen. Wo aber
Strahlen wie die Radiumstrahlen hin-
treffen, da reißen sie die Luftmoleküle

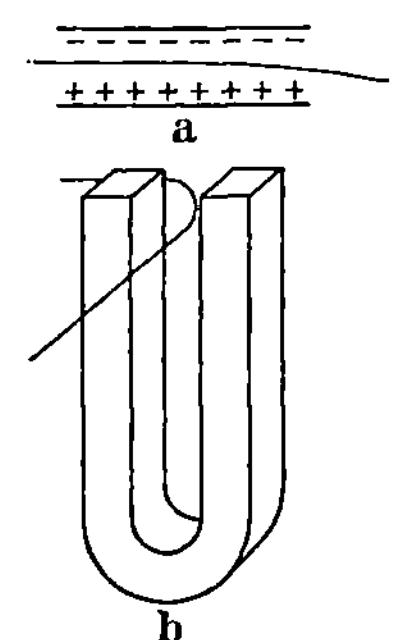

Abb. 36. Einwirkung eines
elektrischen (*a*) und eines
magnetischen (*b*) Feldes
auf Kathodenstrahlen.

in einen positiv und einen negativ geladenen Teil auseinander,
sie „*ionisieren*" die Luft; diese geladenen Teilchen verhalten
sich wie die Teilchen bei der Elektrolyse; sie streben dem
entgegengesetzt geladenen Pol zu und verursachen einen leicht
meßbaren Strom.

Ja es gibt sogar ein Mittel (W i l s o n 1913), die an sich
unsichtbaren ionisierten Moleküle und mit ihnen *den Weg*
der Teilchen *sichtbar* zu machen: wenn man ganz von Staub
gereinigte Luft mit Wasserdampf anfüllt, aber gleichzeitig
so stark unter Druck setzt, daß der Wasserdampf nur als
Gas, also unsichtbar vorhanden ist, und dann plötzlich den
Druck herabsetzt — etwa durch Öffnen eines Ventils —, so
schlägt sich der Wasserdampf als weißlich sichtbarer Dampf
gerade an den ionisierten Teilchen nieder. Sendet nun ein

Radiumpräparat Strahlen in den Luftraum, so bilden sich diese „Ionen" nur auf den Wegen der Strahlen, sofern diese korpuskularer Natur sind, und nur auf diesen Wegen schlägt sich der Dampf nieder; durch die Dampfspur werden also die Wege der korpuskularen Strahlen sichtbar (Abb. 37). Läßt man gleichzeitig ein elektrisches oder magnetisches Feld wirken, so kann man auf Grund direkter Anschauung die Messung der Geschwindigkeit und der Masse durchführen.

Wir lassen hier alles beiseite, was nicht unmittelbar zu unserm Thema „Feld und Korpuskel" gehört[1]. Das erste für uns

Abb. 37. Wege positiv geladener Radiumstrahlen, sichtbar gemacht nach Wilsons Nebelmethode.

wichtige Ergebnis ist die *korpuskulare Natur* der meisten so beobachteten Strahlen; eine Ausnahme bilden nur die sog. γ-Strahlen mancher radioaktiven Elemente, die alle Eigenschaften einer sehr kurzwelligen Röntgenstrahlung zeigen, somit für uns nur eine Erweiterung der auf S. 73 besprochenen Skala der Wellenlängen bringen. Die Korpuskularstrahlen sind entweder positiv geladene Teilchen (Kanalstrahlen und die sog. α-Strahlen des Radiums), bei welchen die Ladung eines Elektrons mit der Masse eines Atoms (Helium bei den α-Strahlen, beliebig schwere Atome bei Kanalstrahlen) ver-

---

[1] Ausführlichere Schilderung s. Th. Wulf, Bausteine der Körperwelt. Verst. Wissensch. Bd. 22.

bunden ist, oder negativ geladene Teilchen (Kathodenstrahlen und sog. β-Strahlen des Radiums) mit der elementaren Ladung bei einer Masse, die etwa den 1800sten Teil der kleinsten Atommasse beträgt. Letztere sind also identisch mit den schon beim Zeemann-Effekt gefundenen „*Elektronen*"; entsprechende positive Teilchen von so kleiner Masse, „*Positronen*" genannt, sind erst in den letzten Jahren bei komplizierteren Anordnungen gefunden worden.

Unmittelbare Beobachtung des Einzelatoms.

Dabei geben diese Erscheinungen die Möglichkeit, die atomistische Struktur der elektrischen Ladungen unmittelbar sichtbar zu machen und verleihen dadurch der ganzen atomistischen Korpuskulartheorie ein anschauliches und gesichertes Fundament. Abb. 37 zeigt schon unmittelbar, daß die Vorgänge unterteilt sind, nicht kontinuierlich verlaufen, und daß die einzelnen Teile unter sich gleich sind. Entfernt man sich nun von der Quelle der Strahlung weit genug, oder läßt man nur eine kleine Öffnung in die messende Ionisierungskammer frei, so zeigt sich unmittelbar *nicht* etwa eine sehr *schwache, aber ständige* Wirkung — wie es bei Feldwirkung zu erwarten wäre —, sondern eine *seltene, aber jedesmal gleich starke* Wirkung — wie es das atomistisch-korpuskulare Bild erfordert. Jeder Elementarprozeß, d. h. jedes Teilchen, das mit der kleinsten Elektrizitätsmenge geladen ist, macht sich in dieser Anordnung einzeln geltend; man kann die Elektronen oder die α-Strahlteilchen *direkt zählen* und dann mit elementarer Rechnung auf die Größe der Atome und ihre Anzahl schließen, wobei die früheren Zahlwerte, die auf weniger sicherem Grunde ruhten, in der Größenordnung bestätigt und verschärft werden.

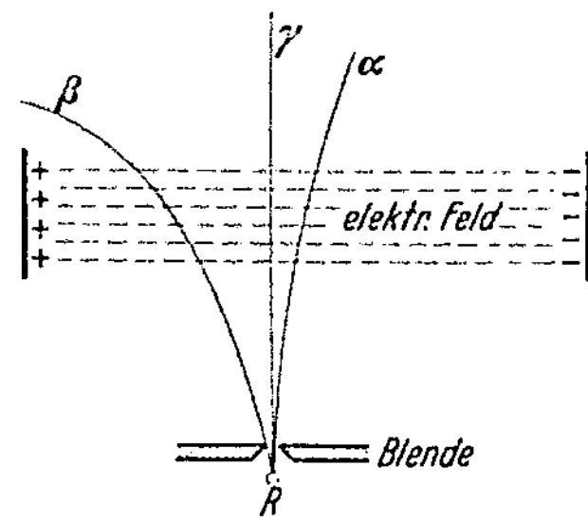

Abb. 38. Radiumstrahlen. Das Radium liefert 3 Arten von Strahlen: positiv geladene α-Teilchen; negativ geladene β-Teilchen; ungeladene, nicht korpuskulare γ-Strahlung.

Der hier geschilderte Versuch steht für viele ähnliche; man
kann auch den Wert der Ladung direkt messen und muß ihn
nicht aus den elektrolytischen Messungen entnehmen, wie oben
S. 78. Einzelheiten würden hier vom Thema abführen; wir
heben also nur das Resultat hervor: *Die elektrische Ladung
ist atomistisch aufgebaut; das negative Ladungsatom, das
Elektron, tritt bei den hier besprochenen Strahlungsvorgängen
nur in Verbindung mit einer Masse auf, die nur $^1/_{1800}$ der
Masse des Wasserstoffatoms beträgt; die kleinste positive
Ladung ist gleich groß, nur von entgegengesetzten Vorzeichen
wie das Elektron; sie tritt selten als Positron mit der kleinen
Masse des Elektrons auf, meist in Verbindung mit der Masse
von Atomen oder Atomgruppen.*

Feld- und Korpuskelbild in der Elektronentheorie.

Weiterhin entspricht der korpuskularen Natur dieser Strahlen, daß sie streng den Gesetzen der Mechanik — allerdings
nicht der Newtonschen, sondern der für so große Geschwindigkeit allein zuständigen Einsteinschen Mechanik — gehorchen. Hier aber hat die Elektronentheorie einen ganz neuen
und gerade für unser Problem höchst bedeutsamen Gesichtspunkt gebracht: Eine so kleine Masse, wie sie das Elektron
hat, konnte keinesfalls durch eine Körpermasse im bisherigen
Sinn gedeutet werden; der Wasserstoff ist ja das leichteste
Element, und außer dieser einen Masse des Elektrons ist
auch nie eine kleinere als die des Wasserstoffatoms beobachtet worden. Nun nahm man aber an, daß mit dem Elektron überhaupt *keine besondere Masse* irgendwelchen anderen Ursprungs verbunden sei, und berechnete, welche
Kräfte bei Bewegung einer reinen Ladung, die auf einen
bestimmten kleinen Bezirk konzentriert ist, auftreten. Es
ergab sich, daß keine Kraft bei gleichförmiger Bewegung
auftritt, dagegen eine (bei kleinen Geschwindigkeiten) der
Beschleunigung proportionale Kraft, also ein Verhalten nach
den Newtonschen Gleichungen. Die Kraft kommt daher, daß jedes Elektron notwendig und immer mit einem
Feld verbunden ist, das bei konstanter Geschwindigkeit ein-

fach mitgenommen wird, bei veränderlicher Geschwindigkeit
aber verändert werden muß, wozu das Elektron Arbeit leisten
muß und daher eine Kraft nötig hat. Diese von der Feldände-
rung herrührende Kraft läßt sich natürlich nur aus der Beschaffenheit des Feldes berechnen, und diese wird durch die
Maxwellschen Gleichungen bestimmt. Man errechnet also
aus den Maxwellschen Gleichungen eine Kraft, die nötig
ist, um eine — von aller gewöhnlichen Materie freie — elektrische Ladung zu beschleunigen; man erhält *aus der Feldtheorie eine bestimmte Masse* des Elektrons und findet als
eine Folgerung der Feldtheorie allein das Newtonsche Be-
wegungsgesetz; als einziges nicht weiter nachprüfbares Element tritt in dieser Theorie der *Durchmesser* des Elektrons
auf, den man der beobachteten Masse entsprechend annehmen
muß.

Trotzdem kann man nicht etwa sagen, die Elektronentheorie
bringe ein großes Übergewicht des Feldbildes über das Korpuskelbild; sie stellt vielmehr eine schöne Vereinigung der
beiden Bilder dar; denn ihr Fundament ist die ständige Verbindung einer korpuskularen, atomistischen Ladung mit einem
elektromagnetischen Feld. Die *Masse* wird zwar — zunächst
für Elektronen — als elektromagnetische Masse ihres grundlegenden, nicht weiter zurückführbaren Charakters beraubt;
an ihre Stelle tritt aber die durchaus korpuskulare und materielle *Ladung* als letztes Element der Vorstellung; und die
atomistische Struktur, die in keiner reinen *Feldtheorie Platz*
haben kann, wird in der Elektronentheorie zu ihrer größten
Klarheit und Sicherheit gebracht.

In der Tat umfaßte die Elektronentheorie durch diese Verbindung von Feld und Korpuskel wenigstens grundsätzlich
fast alle damals bekannten physikalischen Tatsachen: Die Vorgänge im Äther wurden ebenso dargestellt wie in der reinen
Feldtheorie des vorigen Kapitels; die mechanischen Vorgänge
— und mit ihnen die Wärmeerscheinungen — blieben, wie im
ersten Kapitel, an die Gültigkeit der Punktmechanik geknüpft,
aber es zeigte sich ein Weg, die Massenteilchen auf elektrische
Ladungen, die Atome auf Elektronen zurückzuführen. Dieser
Weg war freilich zunächst noch ein Programm; aber es schien

in diesem Augenblick — vielleicht dem optimistischsten aus der Geschichte der Physik —, als ob die Zurückführung der Atomeigenschaften und der verschiedenartigen aus Atomen bestehenden Körper auf Anordnungen von Elektronen (beiderlei Vorzeichens) die einzige Aufgabe der Physik wäre.

Eine Einschränkung: In unserer Darstellung erscheint dies Naturbild vollkommener, als es historisch der Fall war; in der Zeit der vorwärtsstürmenden Elektronentheorie war das Fundament noch ganz unsicher durch die ungelöste Frage nach dem Bewegungszustand des Äthers. Die Lösung durch die Relativitätstheorie und vor allem die Einordnung der Gravitation in die Feldtheorie steht in unsrer Darstellung *logischerweise* weiter oben; historisch erfolgte sie erst, als die unten zu beschreibenden Wolken schon recht schwer auf die Elektronentheorie herabhingen.

Das Atom als elektrisches System.

Die *Aufgabe, das Atom als ein System von elektrischen Ladungen aufzufassen,* wurde von den Forschern begierig aufgegriffen und hat zu einer Reihe der schönsten Entdeckungen geführt, welche die Grundvorstellungen weitgehend bestätigten: Schon bei den *elektrolytischen Vorgängen* sah man überall da elektrische Ladungen entgegengesetzten Vorzeichens entstehen, wo eine chemische Bindung zerrissen wurde; daher lag der Gedanke nahe, die chemischen Kräfte als elektrischer Natur anzusprechen. Jedenfalls aber mußte man sich vorstellen, daß irgendwie verteilte elektrische Ladungen schon in den Atomen vorhanden sein müßten, die bei der Elektrolyse und bei der chemischen Bindung in Wirksamkeit gesetzt würden.

Verwandt mit der Elektrolyse sind die Erscheinungen der *Elektrizitätsleitung* in *Gasen,* die im Anschluß an die Vorstellungen der Elektronentheorie seit etwa 1900 ausführlich experimentell und theoretisch durchforscht worden sind (Thomson, Rutherford, Stark, Seeliger u. a.). Auch hier zeigte sich die Möglichkeit, das Atom oder Molekül eines Gases durch äußere Gewalt, sei es durch Strahlung, sei es durch elektrisch geladene Teilchen oder nur durch die Wärmebewegung nach der kinetischen Gastheorie, in elektrisch geladene Teile zu zerschlagen; die Versuche lieferten Anhaltspunkte für die Art und Weise, wie diese Teile im unzerschlagenen System zusammengebunden sind und über die Stärke dieser Bindung.

Die Reaktion der Moleküle auf elektrische Felder, wie sie durch die sog. *Dielektrizitätskonstante* angegeben wird, zeigt das Vorhandensein elektrischer *Dipole* an; diese bestehen aus einer positiven und einer negativen elektrischen Ladung, die, mit Materie verbunden, durch eine Art elastischer Kräfte in einer gewissen Entfernung voneinander gehalten werden. Solche Dipole können durch das elektrische Feld erzeugt

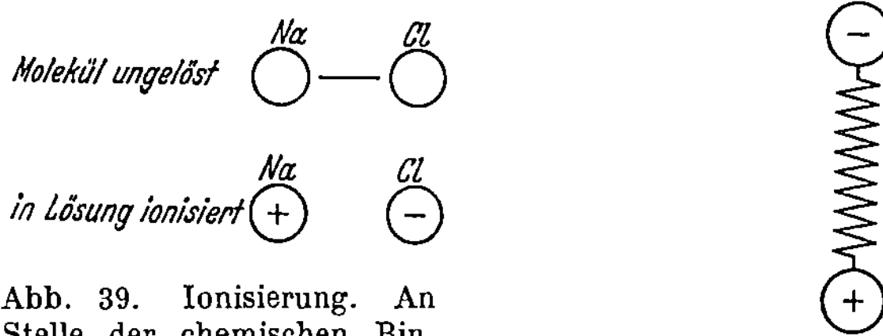

Abb. 39. Ionisierung. An Stelle der chemischen Bindung treten bei der Ionisation entgegengesetzte elektrische Ladungen.

Abb. 40. Elektrischer Dipol. Quasielastische Bindung verhindert Zusammenfallen der entgegengesetzten Ladungen.

werden; sie können auch vorgebildet sein und sich unter Einfluß des elektrischen Feldes nur in bestimmte Richtungen einstellen. Von hier führt ein gangbarer Weg in das Gebiet gewisser chemischer Bindungen.

Ganz analog gibt die Reaktion der Moleküle auf magnetische Felder, die *Magnetisierbarkeit,* einen Anhalt für Elementarmagneten in den Molekülen (oder Atomen), die man sich als Kreisbewegungen von Elektronen vorstellen kann; man kann diese Vorstellung sogar durch mechanische Wirkungen bestätigen (Einstein-de Haas 1914). Auch diese Reaktionen können durch Induktionswirkung oder durch Ausrichtung vorgegebener Elektronenkreisbewegungen hervorgerufen sein.

Die große Leitfähigkeit von *Metallen* muß man sich nach diesen Grundvorstellungen durch freie Elektronen — ebensolche, wie sie in Kathodenstrahlen beobachtet werden — deuten, die sich zwischen den — etwa in einem Kristallgitter gelagerten —

Metallatomen unter Einfluß eines angelegten elektrischen Feldes leicht bewegen. Diese Vorstellung war von Anfang an einer der Ausgangspunkte der Elektronentheorie; sie gibt die Haupterscheinungen gut wieder, läßt z. B. schön verstehen, daß bei höherer Temperatur, also lebhafter, ungeordneter Bewegung die Elektronen aus dem Metall heraustreten und im Vakuum gut feststellbar sind (Grundlage der in der Radioindustrie verwendeten Röhren!). Auch das sogenannte Wiedemann-Franzsche Gesetz, wonach die Wärmeleitfähigkeit immer mit der Elektrizitätsleitfähigkeit parallel geht, wird auf diese Weise verstanden.

Noch größer waren die Erfolge, als man mit Hilfe der kleinsten geladenen Teilchen in das *Innere des Atoms* eindrang (Lenard 1903, Rutherford 1913). Die Atome aller möglichen Stoffe wurden mit Elektronen und mit α-Teilchen des Radiums — das sind positiv geladene Teilchen mit doppelter Elementarladung und der Masse des Heliumatoms (die etwa 7000mal so groß ist als die Elektronenmasse) — beschossen. Es ergab sich, daß der von einem Atom erfüllte Raum, dessen Durchmesser auf etwa 10^{-8} cm geschätzt werden kann, zum allergrößten Teil leer ist, und daß die ganze Masse des Atoms in einem Raum von etwa 10^{-12} cm Durchmesser, dem sog. „*Kern*" des Atoms, sich vereinigt findet. Dieser Kern ist positiv geladen, und zwar je nach der „*Atomnummer*" des betr. Elementes mit der 1 fachen, 2 fachen, 3 fachen usw. elementaren Ladung. Diese Ladung wird aufgewogen durch die entsprechende Anzahl einzelner negativ geladener Elektronen, die in dem Raum des Atoms vorhanden sind; diese können nicht still liegen, sondern müssen unter Einfluß der elektrostatischen Anziehung Bahnen um den Kern beschreiben, wie die Planeten um die Sonne.

Die Atomnummer, d. i. die Anzahl der positiven Elementarladungen des Atomkerns und die damit gleiche Anzahl der Elektronen im Atomraum, brachte eine Ordnung in das *System der chemischen Elemente,* wie sie vorher nie erreicht worden war; alle chemischen Eigenschaften erwiesen sich als nur von der Atomnummer bestimmt. Für die früher als bestimmend geltende Atom*masse* fanden sich nun bei gleicher Atomnummer mehrere mögliche Werte; die Atome verschiedener Masse mit gleicher Atomnummer („*Isotopen*", S o d d y 1910) sind aber chemisch nicht zu unterscheiden. Die unübersichtlichen Zahlwerte der Atommassen verschwanden, als man chemisch einheitliche Stoffe in Isotopen zerlegen konnte (A s t o n 1920) und deren Masse stets als ein ganzes Vielfaches der kleinsten Atommasse, nämlich der Masse des Wasserstoffatoms, fand (bis auf einen kleinen, durch die Relativitätstheorie erfaßbaren Rest).

Noch mehr! Man konnte den *Kern der Atome zerschlagen* und so den alten Alchimistentraum der Überführung eines Elementes in ein anderes verwirklichen (R u t h e r f o r d 1919); man konnte künstlich die Zerfallserscheinung des Kerns, die man Radioaktivität nennt, erzeugen; man fand letzte Bausteine der Atomkerne, elektrisch geladene Teilchen und ungeladene („Neutronen"), deren Aufbau aus entgegengesetzt geladenen Teilchen wenigstens möglich ist. So tief ins Innere der Atomvorgänge führte die Auffassung vom Aufbau der Materie aus elektrischen Ladungen.

(Dies sind natürlich nur die Rosinen aus dem Kuchen, und diese nur als Auslage; wer davon essen will, kaufe besser im Nachbarladen: W u l f, Bausteine der Körperwelt!)

Wolken.

Und dennoch bleibt diese Theorie unbefriedigend; so siegreich und beispiellos fruchtbar ihr Vordringen schien, es stellten sich bald über ihrem Wege Wolken ein, und der Glaube, auf dieser Basis zu den letzten Geheimnissen der Körperwelt vordringen zu können, mußte immer mehr schwinden. Überall blieb ein unerklärter und unauflösbarer Rest. Am besten macht dies unser Atommodell deutlich: Mit den Erfahrungen ist nur die räumliche Trennung der negativen und der positiven Ladung in Elektronenhülle und Kern verträglich; ein Elektron unter Einfluß der Anziehung vom Kern aus muß sich aber in einer gekrümmten Bahn bewegen wie die Erde um die Sonne; es muß ständig eine *beschleunigte* Bewegung vollführen, und ein beschleunigt bewegtes Elektron ändert ständig sein Feld; Energie der Bewegung muß aufgewandt werden, um Energie

des Feldes zu erzeugen; *es muß eine Ausstrahlung stattfinden.*
Ist dies aber der Fall, so kann das Atom nicht bestehen. Daraus folgt, daß die *Grundlagen der Elektronentheorie nicht
genügen* können, um das Bestehen eines Atoms aus elektrischen Ladungen, wie die Versuche es fordern, zu erklären.

Dies ist nicht etwa die einzige Schwierigkeit; der nämliche
Widerspruch tritt auch auf, wenn die *magnetischen* Erscheinungen auf Elektronenkreisbewegungen zurückgeführt werden. Die in vieler Hinsicht besonders einfache und über-
zeugende Theorie der *metallischen* Leitfähigkeit kann nicht erklären, warum die freien Elektronen, die elektrische Leitung und
Wärmeleitung vermitteln, beim Erwärmen des Metalls nicht
nachzuweisen sind, während man doch erwarten sollte, eine
Wirkung wie bei den Gasmolekülen (S. 24) zu finden. Wie
soll man sich ferner etwa die *elastische* Bindung vorstellen,
die im „Dipol“ (S. 87) zwei entgegengesetzte Ladungen in
bestimmter Entfernung hält?

Aber alle diese Einzelfragen treten zurück gegen die eine:
Wie kann die Elektronentheorie die *Spektrallinien* erfassen?
Seit K i r c h h o f f weiß man — und die Kenntnis kann wohl
auch beim Leser vorausgesetzt werden —, daß jedes Atom und
jedes Molekül, wenn es irgendwie — durch hohe Temperatur
oder im elektrischen Bogen oder Funken oder im G e i ß l e r -
rohr — zum Leuchten gebracht wird, Licht von ganz bestimmten Wellenlängen aussendet, die gerade diesem Atom unter den
besonderen Bedingungen zukommen, sehr genau gemessen
werden können und z. B. gestatten, das Vorhandensein dieses
Atoms in den fernsten Welten des Sternenhimmels festzustellen. Diese Linien im Sprektrum können als Absorptionslinien
(F r a u n h o f e r 1817) und als Emissionslinien erscheinen
(Abb. 41). Zwischen zusammengehörigen Linien bestehen zahlenmäßige Zusammenhänge, deren erster von B a l m e r (1885)
an den „Serien“-Linien des Wasserstoffs festgestellt wurde;
diese Formeln für die Wellenlängen der Spektrallinien sind
außerordentlich scharf gültig und gehören somit zu den best-
bekannten, rein empirisch erschlossenen Naturgesetzen. Jede
Atomtheorie, wenn sie vollständig sein soll, ja wenn sie nur
die Hauptgesetze wiedergeben soll, muß die *Spektralgesetze*

90

erfassen. Eine Theorie der einfachsten Spektralformeln müßte
Gesichtspunkte geben zur Aufstellung der Formeln für ver-
wickeltere Linienfolgen. Diese schwierigeren Gesetze müßten
weiter einen Weg bahnen durch das ungeheuer ausgedehnte
und ohne theoretischen Gesichtspunkt unübersehbare Gebiet
der Spektrallinien von Atomen hoher Atomnummer und von
Verbindungen; und übersichtlichere Gesetze für diese Spektrallinien müßten zur Klarheit über den Aufbau der Atome
führen. Die *Elektronentheorie* steht aber diesem ganzen,
meistversprechenden Aufgabenkreis der Atomtheorie vollkommen *ratlos* gegenüber. Diese Wolke ist die dichteste.

Abb. 41. . Spektrum des Wasserstoffatoms. „Balmer-Serie." Jede helle
Linie gehört zu einer bestimmten Wellenlänge (links lange Wellen, rot,
rechts kurze Wellen, ultraviolett).

Ein ganz neuer Weg.

Und doch wird eine Theorie nicht so sehr dadurch erschüttert, daß sie gegenüber einigen Problemen versagt, als dadurch,
daß andere, wenn auch nicht so gut fundierte Gedankengänge
einen Weg zur Lösung weisen. Gerade das ist aber beim Problem der Spektrallinien geschehen (1913), und dadurch wurde
ein *Riß* im ganzen Gedankengebäude der *Physik* allgemein
sichtbar, der bereits ein Jahrzehnt lang die tiefschürfenden
Forscher in Bangen und Hoffen erregt hatte.

Gerade um die Jahrhundertwende war Planck (1900) auf
eine neue universelle Konstante besonderer Art gestoßen; er hatte
ein einzelnes, aber sehr bedeutungsvolles Problem untersucht,
nämlich die spektrale Verteilung der *Strahlung*, welche ein
erhitzter fester Körper ausstrahlt. Ausführliche experimentelle Untersuchungen bei der Deutschen Physikalisch-Tech-
nischen Reichsanstalt hatten zahlenmäßig festgelegt, was allgemein rein qualitativ bekannt ist: ein schwach erwärmter

Körper strahlt unsichtbare Wärme aus („ultrarotes" Licht von großer Wellenlänge); bei stärkerer Erhitzung kommt er erst in Rotglut, dann in Gelbglut, schließlich in Weißglut; der Anteil kürzerer Wellenlängen (s. S. 73) wird mit wachsender Temperatur immer größer; die Gesamtstrahlung steigt mit der Temperatur sehr stark an. Planck fand nun, daß die Ergebnisse der (im ersten Kapitel besprochenen) Theorie der Wärme und der (im zweiten Kapitel besprochenen) Theorie der elektromagnetischen Strahlung zu einem von der Erfahrung vollkommen abweichenden Ergebnis führen müssen, ja daß eine derartige Temperaturstrahlung nach diesen Theorien überhaupt unmöglich sein müsse. Er fand aber eine — scheinbar recht geringfügige — Änderung in den Grundlagen, die zum exakt richtigen Ergebnis hinführte.

Spezifische Wärme fester Körper.

Um den Zusammenhang dem Leser begreiflich zu machen, wollen wir die historische Reihenfolge durchbrechen und die Beobachtungen am *Wärmeinhalt fester Körper* an die Spitze stellen[1]! (Leicht wird die Sache trotzdem nicht werden!)

Wir haben oben (S. 23) schon ein mechanisches Bild der Gase aus der Vorstellung frei liegender Molekülen entwickelt und erwähnt, daß man sich den festen Körper aus Molekülen aufgebaut denken kann, die fest aneinander gebunden sind. Wir wollen uns für den Augenblick diese Vorstellungen noch weiter vereinfachen und nur einatomige Gase, deren Moleküle keine Drehungen ausführen, sondern sich nur in den 3 Raumrichtungen bewegen können, betrachten und als Bild des festen Körpers eine sehr große Anzahl von Atomen ansehen, die an feste Lagen gebunden sind, wie Federn nach Abb. 4. Nach den Ausführungen S. 24 sehen wir die *mittlere kinetische Energie* eines Atoms in unserem Gas als *Maß der Temperatur* an; bei den festgebundenen Atomen ist aber immer nur die Hälfte der Energie als kinetische Energie vorhanden; denn bei den Schwingungen wird ja ständig kinetische Energie in potentielle und diese wieder in kinetische

---

[1] Historische Reihenfolge s. S. 99.

zurück verwandelt. In dem Spiel der Atome ist daher der
Einsatz der gebundenen Atome doppelt so hoch als der Einsatz der freien Atome; selbst wenn ein gebundenes Atom seine
ganze momentane kinetische Energie einmal verliert, kann
eine Reserve an potentieller Energie vorhanden sein, die ohne
Zutun anderer Atome kinetische Energie schafft. Das *Glücksspiel* zwischen den Atomen geht gleichmäßig hin und her,
und wir Beobachter, die nur Mittelwerte wahrnehmen, sehen
den Energiebesitz jedes Atoms im Verlauf der Zeit immer wieder auf den ursprünglichen Wert kommen, um den es mehr
oder weniger schwankt. (Ebenso würden wir den Besitz jedes
Glücksspielers an der Spielbank sehen, wenn nicht obere
Grenzen, Extrachancen der Bank u. dgl. Maßnahmen existieren würden.) Wir können nun nicht den Wärmeinhalt
selbst messen, wohl aber den Wärmebetrag, den eine Temperaturerhöhung um 1^0 fordert, die „*spezifische Wärme*", und
können diese, da wir ja die Zahl der Atome kennen, auf das
Atom mittleren Besitzstandes umrechnen. Dann muß sich ergeben, daß diese Größe für *den festen Körper doppelt so
groß* ist als für das *einatomige Gas;* dies ist in der Tat ein
bekanntes Gesetz (D u l o n g - P e t i t 1819) für hohe und gewöhnliche Temperaturen, versagt aber für niedrige Temperaturen, in der Regel erst weit unter 0^0 C, etwa bei der Temperatur der flüssigen Luft; dort sinkt die spezifische Wärme
zu sehr viel kleineren Werten. Um diese Abweichung zu
erklären, muß man den gebundenen Atomen des festen Körpers andere Eigenschaften zuschreiben, als den aus plumper
täglicher Erfahrung entnommenen federgebundenen Körpern.

Die Annahme, zu welcher P l a n c k durch die Gesetze der
Wärmestrahlung hingeführt wurde, können wir uns auch weiter
durch das Bild vom Glücksspiel klarmachen: Die gebundenen
Atome sind große Herren, die nicht — wie die freien Atome —
jedes Kleingeld annehmen; sie *nehmen nur ganze Goldstücke.*
Sind nun die freien Atome auch reich an Energie, d. h. ist
die Temperatur groß genug, so spielen sie auch mit Goldstücken oder wenigstens mit so viel Kleingeld, daß der Wert
eines Goldstücks leicht erreicht wird, und dann tritt der gewöhnliche Fall allgemeinen Ausgleichs ein. Bei tiefer Tem-

peratur jedoch tritt die Folge der Unbescheidenheit ein; nur
sehr selten einmal macht ein gebundenes Atom einen solchen
Treffer, daß es sein Goldstück erhält; in der Regel wird es
leer ausgehen. Umgekehrt haben aber die freien Atome gar
nichts dagegen, das wiedereingesetzte Goldstück ganz oder in
Teilen rasch wieder zu gewinnen. Der Wärmeinhalt und mit
ihm die spezifische Wärme des festen Körpers wird also nach
dieser Vorstellung, übereinstimmend mit der Messung, wesentlich kleiner, wenn — dem niedrigen Energieeinsatz entsprechend — die Temperatur sehr weit sinkt.

<h2 style="text-align:center">Wärmestrahlung.</h2>

Beim Planckschen Problem der *Wärmestrahlung* wird
das Bild, das wir uns vom strahlenden Körper machen müssen,
etwas komplizierter; wir wissen ja, daß ein solcher Körper jede
Art Strahlung von sich geben kann, von der langwelligen,
ultraroten mit etwa zehn Billionen Schwingungen in der Sekunde bis zu den ultravioletten, kurzwelligen mit 100 Billionen
Schwingungen in der Sekunde (wobei wir von weiteren Be-
reichen jetzt nur der Einfachheit wegen absehen). Es kann
also bei einem festen Körper, der alle diese Strahlen aussendet, sicher nicht so sein, daß alle Atome in gleicher Weise
federartig angebunden sind; denn sonst könnten sie nur in
einer einzigen bestimmten Frequenz (s. S. 43) schwingen
und könnten also auch nur Schwingungen von einer bestimmten Schwingungszahl im Äther erregen. Wir müssen also
annehmen, daß die Bindung der Atome in irgendeiner Weise
so ist, daß alle Schwingungen möglich sind; wir denken uns
„*Resonatoren*" (d. s. irgendwelche Mechanismen, die Schwingungen von einer einzigen bestimmten Schwingungszahl ausführen können, wie z. B. die Feder der Abb. 4) mit *jeder
beliebigen Schwingunszahl* im Körper vorhanden. Damit machen wir im Grunde keine großen oder gar phantastischen Hypothesen; denn daraus, daß ein erhitzter Körper alle möglichen Schwingungen aussendet, folgt ja schon,
daß in ihm Mechanismen von der Art solcher Resonatoren
vorhanden sind. Nach den *Gesetzen der Mechanik* müßten
sich *alle* diese Resonatoren *in gleicher* Weise an dem Glücks-

spiel der Wärmebewegung unter den Atomen beteiligen, und es ist gar nicht einzusehen, warum nicht z. B. blaue Resonatoren, deren Vorhandensein die Strahlung bei Weißglut unbedingt feststellt, auch schon bei niedriger Temperatur mitstrahlen sollten. Erst die Plancksche Annahme, daß die Resonatoren nur Energien gewisser Größe oder ganze Vielfache davon einnehmen und ausgeben, macht begreiflich, daß sie unter Umständen leer ausgehen. Sie müssen aber nach dem Gesagten *um so leichter leer ausgehen, je raschere Schwingungen* sie aussenden; denn bei einer Temperatur von $1000\,^0$ C z. B., wenn die Atome eines Gases Energiebeträge von rund $2{,}6 \cdot 10^{-13}$ (das ist soviel, um ein Billionstel Milligramm 2,6 mm hochzuheben) in das Glücksspiel einsetzen, bekommen rote und gelbe Resonatoren schon recht häufig ihren Einsatz zu fassen, blaue noch kaum jemals; wir sagen dann: „Der Körper ist in rotgelber Glut." Das Plancksche Gesetz muß daher lauten: *Resonatoren, Gebilde, welche mit einer bestimmten Schwingungszahl (ν) schwingen können, nehmen und geben Energie nur in ganzen Vielfachen eines Mindestbetrags (E), der mit wachsender Schwingungszahl wächst.*

Das universelle Wirkungsquantum.

Wir müssen hier — in Anbetracht der fundamentalen Wichtigkeit dieses Gesetzes — von unserer Gewohnheit abgehen und die mathematische Form hinschreiben: Der Energiebetrag E soll proportional der Anzahl der Resonatorschwingungen in der Sekunde ν sein; den Proportionalitätsfaktor bezeichnen wir mit h; auch der mathematisch ungeübte Leser wird also die Gleichung verstehen:

$$E = h\nu.$$

Die hier auftretende Konstante h ist eine *ganz universelle* Größe; d. h. sie gilt nicht nur für bestimmte Körper oder unter besonderen Umständen. Die Gesetze der Wärmestrahlung gelten ja für alle Körper, und die Weiterentwicklung der Wissenschaft — von der unten die Rede sein wird — hat eine Fülle verschiedenartigster Erscheinungen gefunden, in denen diese nämliche Plancksche Konstante h auftritt. Man beachte, daß diese Konstante nicht selbst eine Energie ist, sondern eine Energie geteilt durch eine Schwingungszahl; oder da (s. S. 43) $\nu = \dfrac{1}{\tau}$, wenn τ die Dauer einer Schwingung bedeutet, kann man auch sagen $E\tau = h$, so daß h eine Energie mal Zeit ist; man bezeichnet in der Physik eine solche — höchst unanschauliche — Größe als eine „Wirkung"; daher hat Planck seine Konstante das *„universelle Wirkungsquantum"* genannt.

Theorie der Spektrallinien.

Planck hatte — wie er selbst sich später ausdrückte — eine Goldader angeschlagen; aber ein Jahrzehnt lang konnten die Physiker (natürlich Planck eingeschlossen) zweifeln, ob es wirklich Gold war, was da zutage kam; die ganzen Schwierigkeiten werden wir uns erst im nächsten Kapitel vor Augen führen. Hier wollen wir einstweilen einen großen Sprung nach vorwärts machen, um zu erkennen, wie die Theorie des universellen Wirkungsquantums berufen war, an Stelle der Elektronentheorie einzugreifen, wo diese versagte. Im Jahre 1913 fand Bohr, daß das Wirkungsquantum der Schlüssel zum weiten Gebiet der *Spektrallinien* ist, und daß dieser Schlüssel einen Weg ins Innere des Atomes eröffnet, so breit und so wundervoll wie der früher durch das Elektron erschlossene; aber dieser Weg hat mit dem früheren nichts gemeinsam.

Wir wollen hier die Bohrsche Theorie in ihrer scharf gefaßten Form bringen[1], um auch dem Nichtphysiker klar vor Augen zu führen, wie radikal, aus sich selbst herauswachsend und ohne innige Berührung mit dem bisher von uns betrachteten Fundament der Physik diese ganze Auffassung dasteht. Man vergleiche damit die soeben auseinandergesetzte Theorie der Wärmestrahlung und der spezifischen Wärme, die ganz und gar auf den überkommenen Vorstellungen zu beruhen *scheinen* und nur an *einer* Stelle ein neues, scheinbar gar

---

[1] Eine anschaulichere und ausführlichere Darstellung findet der Leser bei Wulf, „Bausteine der Körperwelt".

nicht so umstürzlerisches Element einführen. Dann wird
klar, wie das Weiterschreiten auf dem P l a n c k schen Wege
zunächst nicht zur Klarheit in bekannten Gebieten der Physik
führen konnte, sondern in ein dunkles Neuland der Vorstellungen hineinleitete.

Die B o h r sche Theorie beschreibt als erste die Erscheinungen der Spektrallinien richtig und allgemein durch die
Annahme von 3 Grundsätzen:

1. Das Wasserstoffatom besteht nach R u t h e r f o r d
(s. S. 88) aus einem Kern und einem Elektron, das den Kern
umkreist wie ein Planet die Sonne; *aber* es sind nur ganz bestimmte *stationäre Zustände* möglich, die durch ihre Gesamtenergie (kinetische + potentielle Energie), den Abstand des
Elektrons vom Kern u. dgl. charakterisiert sein mögen; eine
Ausstrahlung findet bei der Bewegung des Elektrons in einer
solchen Bahn im Gegensatz zu den Grundlagen der Elektronentheorie nicht statt.

2. Das Elektron kann seine Bahn wechseln und von einem
stationären Zustand zu einem andern *übergehen*, entweder in
einen Zustand höherer Gesamtenergie, wenn von außen (durch
Strahlung, Stoß oder Wärmebewegung) die nötige Energie
zugeführt wird, oder in einen Zustand niedrigerer Gesamtenergie, wobei eine ganz bestimmte, von Anfangs- *und* Endzustand abhängige Energiemenge (E) frei wird. Diese Energie E wird *ausgestrahlt*, und zwar mit der durch die Quantenbeziehung geforderten Schwingungszahl

$$\nu = E/h.$$

3. Je kleiner der Energieunterschied E und mit ihm die
Schwingungszahl ν werden — und dies ist für benachbarte
stationäre *Zustände* bei großer Entfernung Kern-Elektron,
also bei schwacher Bindung der Fall —, um so mehr muß
der Zusammenhang zwischen Schwingungszahl ν und Umlaufzahl des den Kern umkreisenden Elektrons derselbe
sein, den die Elektronentheorie fordert („*Korrespondenz-
prinzip*"). Das heißt, je mehr man sich von den raschen
Vorgängen der Atomdynamik langsamen Vorgängen nähert,
um so mehr behalten unsere von den langsamen Schwingun-

gen der sinnlich wahrgenommenen Welt abgeleiteten Gesetze
ihre Gültigkeit. Im eigentlichen Innern des Atoms herrschen
Gesetze, wie 1. und 2., die mit unsern sonstigen Erfahrungen
und Bildern nichts zu tun haben.

Der tragende Pfeiler dieser Gesetze ist das Wirkungsquantum h.

Wir müssen hier von jeder Einzelausführung über die Erfolge der Bohrschen Theorie als nicht zum Thema gehörig
absehen. Das Wesentliche, was der Leser erkennen soll, ist
die Erweiterung der Vorstellungselemente durch die Grund-
sätze 1 und 2; diese Erweiterung hat nichts zu tun mit den
Bildern der Feld- oder der Korpuskeltheorie, so wenig wie
die Einführung des Wirkungsquantums bei Planck.

Allgemeine Bemerkungen.

Ist das nun noch „strenge" Wissenschaft? wird mancher
Leser fragen; ist das nicht nur frei schweifende Phantasie?
Kann man nicht beliebige andere Gedankensysteme bauen, die
das Problem der Spektrallinien beherrschen, aber mit der
andern Physik außer Zusammenhang sind? Oben wurde der
Elektronentheorie vorgeworfen, daß sie ein Modell des Atoms
entwirft, in welchem die Ausstrahlung ignoriert wird; hier
wird dasselbe vielleicht noch radikaler angenommen, noch
dazu ein Ausstrahlungsmechanismus überhaupt nicht angegeben, und doch der Begriff des Elektrons und seiner Bahn um
den Kern verwendet.

Das läßt sich alles nicht leugnen; es wurden hier auch
mit Absicht die ursprüngliche Plancksche Theorie und die
erfolgreiche Bohrsche Spektrallinientheorie unvermittelt
nebeneinander gestellt, um die ganze Kluft im Gebäude der
theoretischen Physik, die durch die Quantenidee aufgerissen
worden ist, recht deutlich zu machen. Wenn eine solche
Theorie, wie die Bohrsche, die sich nur sehr teilweise auf
überkommene, sichere Begriffe stützt, ein vorgegebenes Problem löst, so kann es sein, daß ihr Gedankengang eben gerade
diesem Problem angepaßt ist, in die übrige Physik aber nicht
hineinpaßt; dann ist sie rasch erledigt. Es kann aber auch
sein, daß die neue Theorie von Erfolg zu Erfolg eilt, daß

eine immer wachsende Fülle neuer Tatsachen durch sie ans
Licht kommt, daß durch sie in ungeordnete Erfahrungen
einfache Gesetzmäßigkeiten gebracht werden können, und daß
ihr schließlich ein großes Gebiet physikalischer Erscheinungen ganz eindeutig zugehört, das vorher nicht erschlossen
werden konnte. Dann ist diese Theorie keine zufällige Phantasie, kein auf ein kleines Problem zugeschnittenes Begriffs-
kleid mehr; dann ist sie sehr viel klüger als der noch so geniale Mann, der sie zuerst aufgestellt hat; dann ist sie ein
lebendiger, übermenschlicher Organismus, der aus dem Naturbild nicht mehr fortzudenken ist, auch wenn er andern Teilen
dieses Naturbildes zu widersprechen scheint.

Das aber gerade gilt von der Bohrschen Theorie; durch sie
wurden in wenigen Jahren die vorher ganz undurchsichtigen
Gesetze der Spektrallinien auch für die kompliziertesten Atome
und für Moleküle in klare einfache Gesetze gefaßt; die Beeinflussung der Spektrallinien durch elektrische und magnetische Felder, die Röntgenstrahlen, die Stoßwirkungen von
Elektronen auf Atome, schließlich die nie vorher physikalisch
verstandenen Erscheinungen des periodischen Systems der
Elemente, d. i. die seltsame Abhängigkeit der chemischen
Eigenschaften eines Elementes von seiner Atomnummer
(s. S. 88), — alles kam in ein befriedigendes System auf
Grund der Bohrschen Gedanken.

Wir haben versucht, hier das Wesentliche an der ge-
danklichen Situation, die der Dualismus Elektronentheorie-
Quantentheorie in der Physik eines Menschenalters hervorgerufen hat, möglichst scharf zu zeichnen. Wir haben
dabei das *Historische* vernachlässigt und unser Thema — Korpuskel und Feld — etwas aus den Augen verlieren müssen.
Wir müssen nun dahin zurückkehren: Der historische Vorgang begann mit der Entdeckung der Quanten durch
Planck (1900); der nächste Schritt war die Radikalisierung
der Planckschen Idee durch Einstein (1905), auf die wir
im nächsten Kapitel ausführlich eingehen müssen; denn dabei
handelt es sich um eine Erschütterung des Feldbegriffes. Erst
auf Grund der Überzeugung, daß etwas radikal Umwälzendes
mit dem Planckschen Wirkungsquantum in die Physik ge-

kommen war, wagte es Einstein (1907), von dieser Seite her
das Problem der spezifischen Wärme anzufassen; die experimentelle Durchführung durch Nernst brachte in den folgenden Jahren den ersten durchschlagenden Erfolg der Quantentheorie; ein ganzes bisher unbetretbares Gebiet — die spezifische Wärme der festen Körper bei tiefer Temperatur —
eröffnete sich, und nur die Quantentheorie, wenn auch in
noch so ungeklärter Form, war der leitende Gedanke bei
diesen Forschungen. Dann erst folgte die Bohrsche Theorie
(1913) und entschied definitiv für die fundamentale Bedeutung des universellen Wirkungsquantums.

Viertes Kapitel.

Korpuskulare Erscheinungen bei der Strahlung.

Lichtschwingungszahl und Energie.

Es gibt eine Reihe recht allgemeiner Erfahrungen an sichtbarem und unsichtbarem Licht, die ganz außerhalb der Tatsachen stehen, auf welchen das optische Feldbild aufgebaut
ist. So weiß heute z. B. jedermann, daß photographische
Platten auch auf ultraviolette, unsichtbare Strahlen reagieren,
daß sie aber von rotem Licht nicht angegriffen werden, daß
also in der Dunkelkammer ruhig bei rotem Licht gearbeitet
werden kann; erst in jüngster Zeit hat man von gelungenen
Versuchen gehört, auch rot- und ultrarotempfindliche Platten
herzustellen. Hierbei könnte es sich um zufällige Eigenschaften des Stoffes handeln, aus dem die lichtempfindliche
Schicht besteht; man braucht noch nicht an etwas Grund-
sätzliches zu denken.

Aber da sind noch andere, weit über den Kreis der Physiker
hinaus bekannte Erscheinungen: Wer recht gesund aussehen
will, der legt sich in die Sonne; am Fenster zu sitzen, auch
wenn die Sonne noch so schön hindurchscheint, hilft nichts;
die Haut bräunt sich nur im Freien und am besten im Hochgebirge. Ja, dort kann es zu schlimm werden: es kann die
Haut durch die starke Strahlung geradezu zerstört werden.

Und es wird ja auch durch solche Strahlung krankes Gewebe
zerstört und manche Krankheit geheilt. Heute weiß schon
der medizinische Laie, worauf es bei der Strahlung ankommt,
wenn sie solche Wirkungen haben soll: es muß *ultraviolette*
Strahlung sein, Strahlung von ganz kurzer Wellenlänge oder
(was dasselbe ist) *sehr hoher Schwingungszahl.* Durch
Fensterglas geht diese Strahlung nicht hindurch; auch die
Luft schluckt sie schon teilweise ein; darum müssen wir ins
Hochgebirge, um sie zu erhalten, oder wir müssen künstliche
Sonnen bauen, Lampen, die ultraviolettes Licht ausstrahlen,
oder schließlich wir müssen Gläser finden, die ultraviolette
Strahlung durchlassen. Je mehr unsre Kenntnisse von den bio-
logischen Erscheinungen wachsen, um so mehr erkennen wir
die Bedeutung der Strahlung, und zwar der hochfrequenten,
kurzwelligen, ultravioletten Strahlung für alle biologischen
Prozesse.

Wir wollen das Grundsätzliche noch weiter aufspüren und
fragen nach den Wirkungen der Strahlung von noch höherer
Schwingungszahl; wir wissen ja schon (s. S. 73), daß dies
in erster Linie die Röntgenstrahlen sind. Mancher Röntgen-
forscher hat am eigenen Leib die Wirkungen solcher Strahlung bitter erfahren müssen, und es hat langer Zeit bedurft,
um die richtige Dosierung bei verschieden harten (d. i. verschieden frequenten) Röntgenstrahlen herauszufinden. Die
Wirkung dieser Strahlen ist eine ungeheure; sie zerstört das
organische Gewebe; daher bei krankem Gewebe die Heil-
wirkung, bei gesundem Gewebe unter Umständen die schweren Schädigungen.

Schon diese allgemein bekannten Tatsachen legen einen
Schluß nahe: Die *Wirkung einer Strahlung,* und somit die
von der Strahlung für einen chemischen oder biologischen
Prozeß gelieferte Energiemenge scheint *um so größer, je
höher die Schwingungszahl der Strahlung* ist. Hier sei der
Leser auf ein mögliches Mißverständnis aufmerksam gemacht, das vermieden werden muß: In den erwähnten Fällen
haben wir die Intensität der Strahlung überhaupt nicht be-
achtet; man kann natürlich die *quantitative* Wirkung einer
Strahlung durch Intensivierung beliebig verstärken. Aber die

qualitative Wirkung kann man dadurch nicht ändern. Wenn wir zwei rote Lampen in der Dunkelkammer aufstellen, so sehen wir besser; es wird heller; aber die photographischen Platten werden davon nicht stärker angegriffen (natürlich vorausgesetzt, daß die Lampen nur wirklich rotes Licht ausstrahlen). Mit ultrarotem oder sichtbarem Licht kann man Moleküle in Bewegung setzen, so daß der bestrahlte Körper warm wird; wird das Licht intensiver, wird also noch mehr Energie dem Körper zugestrahlt, so wird er noch wärmer; aber die chemische oder biologische Wirkung, wie z. B. das Bräunen der Haut, bleibt bei starkem Licht ebensogut aus wie bei schwachem. Ultraviolettes Licht von genügend hoher Schwingungszahl hingegen ruft diese Bräunung hervor, wenn es noch so schwach ist; je stärker dieses Licht ist, um so mehr Zellen (oder Moleküle) erfahren die chemische Einwirkung; diese Einwirkung selbst ist aber immer dieselbe und wird *in ihrer Art* nur durch die Schwingungszahl, nicht durch die Intensität des Lichtes, bestimmt. Nur die Menge der angegriffenen Atome, die *Anzahl* der elementaren Prozesse, wird durch die Gesamtenergie des einfallenden Lichtes bestimmt. Die Art des Elementarprozesses und somit auch die *beim einzelnen Elementarprozeß umgesetzte Energie hängt nur von der Schwingungszahl* ab, und zwar sieht es so aus, als ob diese *Energie des einzelnen Elementarprozesses (E) mit der Schwingungszahl (ν) wachse.*

Lichtelektrischer Effekt.

Als E i n s t e i n (1905) das Grundsätzliche und das Auffallende dieses Zusammenhanges zuerst untersuchte, fand er natürlich noch mehr physikalische Erscheinungen, die nicht so allgemein bekannt sind, aber das Wesentliche noch einfacher hervortreten lassen; er erkannte auch gleich, daß die einfachste Beziehung beim sogenannten „*lichtelektrischen Effekt*" zu finden sein mußte, dessen Haupteigenschaften gerade durch L e n a r d (1902/03) festgelegt worden waren: Läßt man ultraviolettes Licht auf eine Zinkplatte fallen, so löst es Elektronen — negativ geladene Teilchen von der kleinen Masse, wie sie bei Kathodenstrahlen beobachtet wird — aus, die mit einer bestimmten Höchstgeschwindigkeit aus dem Metall heraustreten. Als die wichtigsten Züge der Erscheinung stellte L e n a r d fest, 1. daß die *Anzahl* der ausgelösten Elektronen mit der Intensität (Menge) des Lichtes wächst, 2. daß die *Höchstgeschwindigkeit*, also die dem *einzelnen* Elektron erteilte Energie, *nicht von der Intensität* abhängt, sondern nur von der Schwingungszahl des Lichtes, und daß sie mit *wachsender Schwingungszahl* größer wird. Bei nicht sehr großer Schwingungszahl, also selbst bei sichtbarem Licht, ist die größte Energie, die das einzelne Elektron erhält, meist nicht genügend, um die Anziehung der positiv geladenen Atomreste zu überwinden und den Austritt aus der Metalloberfläche zu bewirken.

Diese wenigen gesicherten, aber in ihrer Tragweite ganz ungeklärten Messungen zusammen mit den vorher geschilderten allgemeinen, qualitativen Erfahrungen brachte nun E i n s t e i n in Zusammenhang mit der *Planckschen Konstante;* auch dort tritt ja eine Energie, wenn auch nur im Verlauf statistischer Überlegungen, so in Zusammenhang mit der Schwingungszahl der Strahlung, daß die Energie mit der Schwingungszahl ansteigt.

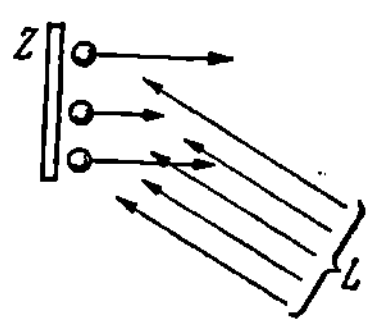

Abb. 42. Lichtelektrischer Effekt. Ultraviolettes Licht L mit Schwingungszahl ν macht aus der Zinkplatte Z Elektronen frei mit Höchstenergie $h\nu$.

Der Zusammenhang konnte also demnach kein statistischer sein, der nur bei der Verteilung der Energie auf eine große Anzahl Atome oder Resonatoren auftritt, sondern er mußte *schon für den Elementarprozeß* bestehen, für den einzelnen Vorgang des Energieaustausches zwischen Strahlung und mechanischer Bewegung des Elektrons — zwischen *Feld*energie und *Korpuskel*energie. Und zwar mußte angesichts der Universalität der P l a n c k schen Konstante das Gesetz ganz allgemein sein:

Bei jedem Übergang zwischen Feld- und Korpuskelenergie können nur Energiemengen (E) auftreten, die mit der Schwingungszahl (ν) der Strahlung im Zusammenhang stehen:

$$E = h\nu,$$

und zwar ganz gleichgültig, welche Größe durch die Versuchsanordnung bestimmt, und welche als Resultat des Versuchs gemessen werden soll. Wenn also durch Strahlung von gegebener Schwingungszahl Korpuskularenergie erzeugt wird, wie beim lichtelektrischen Effekt, so kann die Energie E keine andere wie $h\,\nu$ sein[1]. (Die so gewonnene Energie kann innerhalb des Metalles teilweise verbraucht sein, so daß nicht alle austretenden Teilchen diese Energie wirklich haben; auch gibt es eine gewisse Mindestarbeit, die auch die schnellsten austretenden Teilchen gegen die Anziehung der Atome geleistet haben müssen; deshalb ist $h\nu$ nur die obere Grenze der Teilchenenergie.) Wenn umgekehrt durch Stoß eines Teilchens von Energie E Strahlung erzeugt wird, so kann dazu entweder ein Teil oder die ganze Energie E verbraucht werden; die auftretende Schwingungszahl der Strahlung kann also nur kleiner oder höchstens gleich E/h sein. Wenn ferner — ohne daß Elektronenbewegungen zur Beobachtung kommen — Strahlungsenergie in andere Strahlungsenergie umgewandelt wird, wie z. B. bei der Fluoreszenz — Leuchten von gewissen Körpern in anderer Strahlung als der einfallenden anregenden Strahlung —, so kann die angeregte Strahlung nur eine kleinere, höchstens gleich große Schwingungszahl haben als die anregende. Wenn durch Strahlung in einem Körper chemische Veränderungen erzeugt werden, so ist die für den einzelnen molekularen Vorgang zur Verfügung stehende Energie durch die Schwingungszahl der Strahlen in derselben Weise bestimmt.

Tragweite des lichtelektrischen Grundgesetzes.

In dieser Allgemeinheit formulierte Einstein sein *Grundgesetz des lichtelektrischen Energieumsatzes;* es war dies eine der kühnsten und zugleich eine der erfolgreichsten Verallgemeinerungen aus der Geschichte der Physik; heute kann kein Zweifel mehr bestehen, daß hier eines der tiefsten und beherrschendsten Gesetze der physikalischen Welt erkannt ist.

---

[1] Zahlwerte s. Wulf, Tabelle S. 101.

Ein kurzer Überblick mag zeigen, welch großer Komplex von
Erscheinungen auf Grund dieser Erkenntnis klargestellt worden ist; dann erst kann der Leser die ungeheure Erschütterung begreifen, die von dieser Erkenntnis aus auf die Vorstellungen der Feld- und Korpuskeltheorie gewirkt hat:

1. *Lichtelektrischer Effekt:* Nach Überwindung großer
experimenteller Schwierigkeiten ist es Millikan (1916)
gelungen, ganz einwandfrei die Höchstenergie der Elektronen zu messen, die durch Strahlung von bestimmter
Schwingungszahl aus Metallplatten ausgelöst werden; dabei
wurde die Schwingungs-
zahl von sichtbarem bis
zu ultraviolettem Licht
variiert, und es wurden
verschiedene Metalle be-
nutzt. Die Energie steigt,
wie Abb. 43 zeigt, linear
mit der Schwingungszahl
an; zusammen mit einer,
natürlich für alle Schwingungszahlen gleichen,
Auslösungsarbeit wird
die kinetische Energie
der ausgelösten Elek-
tronen verdoppelt, ver-

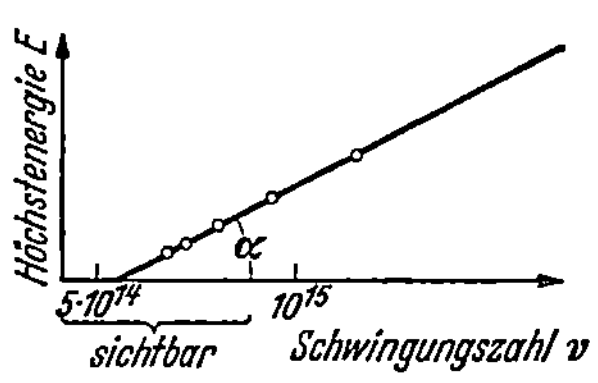

Abb. 43. Lichtelektrische Messungen
nach Millikan. Die Höchstenergie E
der austretenden Elektronen geht streng
proportional der Schwingungszahl v; aus
dem Winkel a, der auch bei Platten
verschiedenen Metalls stets derselbe ist,
kann die universelle Konstante h berechnet werden. Millikan benutzte
Natrium- und Lithiumplatten, die auch
bei sichtbarem Licht einen Effekt zeigen.

dreifacht usw., wenn die Schwingungszahl der auslösen-
den Strahlung verdoppelt, verdreifacht usw. wird. Von
der Art des Metalls ist nur die — bei großen Schwingungszahlen ganz belanglose — Auslösungsenergie abhängig; der
Anstieg der Geraden (Winkel α in der Abb. 43) ist bei allen
Metallen derselbe und kann zur Berechnung der — hier als
Proportionalitätsfaktor auftretenden — Planckschen Konstante h verwendet werden. Auch bei den hohen Schwingungszahlen der Röntgenstrahlen gilt das Gesetz genau.

2. Auch der umgekehrte Effekt läßt sich feststellen, seit
man nach Laues Methode (1912, s. S. 74) die Wellenlängen und somit die Schwingungszahlen der Röntgenstrahlen messen kann. Die Röntgenstrahlen entstehen ja be-

kanntlich (s. Abb. 33) an der sog. Antikathode, einer Platte
beliebigen Materials, der man Kathodenstrahlen in den Weg
stellt. Ihre Intensität hängt natürlich von der Menge der Kathodenstrahlen, d. i. von der Anzahl der Elektronen, ab, ihre
Schwingungszahl und ihre dadurch bestimmte Härte (Durchdringungsfähigkeit) dagegen *nur von der Geschwindigkeit
der Elektronen.* Nicht immer wird die Energie (E) des auftreffenden Elektrons ganz in Röntgenstrahlungsenergie umgesetzt; also kann nach dem E i n s t e i n schen Gesetz die
Schwingungszahl des entstehenden Röntgenstrahls kleiner
sein als E/h, aber *niemals größer;* in der Tat zeigt das Spektrum der von Kathodenstrahlen bestimmter Geschwindigkeit erzeugten Röntgenstrahlen eine scharfe obere Grenze,
die genau der vom Gesetz geforderten Schwingungszahl
entspricht.

3. F r a n c k und H e r t z (1913) haben zuerst die Erscheinungen studiert, die beim *Zusammenstoß von Elektronen mit Gasatomen* auftreten. Ein solcher Stoß erfolgt
elastisch (s. S. 34), d. i. ohne Energieverlust der Elektronen,
solange deren Energie zu klein ist, um eine Veränderung
ganz bestimmter Energie im gestoßenen Atom hervorzurufen. Bei höherer Energie sind die Zusammenstöße nicht
mehr elastisch, sondern sie veranlassen Änderungen im
Atominnern; sie können dann unter Umständen eine Strahlung hervorrufen, welche die Energie aufnimmt; die
Schwingungszahl dieser Strahlung gehorcht wieder genau
dem E i n s t e i n schen Gesetz. Hierbei zeigt sich auch, daß
in den Atomen nur Veränderungen vorgehen können, die
ganz bestimmten Energiedifferenzen entsprechen, genau wie
es in der B o h r schen Atomtheorie (s. S. 97) angenommen
wird.

4. Die *B o h r sche Atomtheorie* selbst ist wesentlich auf
die E i n s t e i n sche Gleichung aufgebaut; ohne Darlegung
eines bestimmten Mechanismus verbindet sie eine mechanische Änderung der Energie im Innern des Atoms mit der
Schwingungszahl der dabei auftretenden Strahlung nach
dieser Gleichung (Grundsatz 2, S. 97). Allerdings enthält
natürlich die B o h r sche Theorie noch sehr viel andere

Elemente — besonders die stationären Zustände — und geht somit weit über den Inhalt dieser Gleichung hinaus.

5. Daß bei der Fluoreszenzstrahlung die angeregte Schwingungszahl stets *unter* der anregenden bleibt, ist als „*Stokessche Regel*" lange bekannt und diente schon Einstein als Beleg seiner Anschauung.

6. Wird durch Strahlung ein Atom in elektrisch geladene Teile zerrissen — nämlich in ein negatives Elektron und einen positiv geladenen Rest —, so muß die Schwingungszahl der Strahlung mindestens gleich der dazu nötigen Energie geteilt durch h sein. Diese „*ionisierende*" Wirkung ultravioletten Lichtes auf die Luft ist lange bekannt und befolgt dasselbe Gesetz.

7. Schließlich gilt die Einsteinsche Gleichung auch beim Umsatz von Strahlungsenergie in *chemische* und umgekehrt (Warburg 1913); die „*Photochemie*", welche diese Wechselwirkungen zum Gegenstand hat, ist in den letzten Jahrzehnten gerade auf Grund dieser Erkenntnis sehr stark vorwärtsgekommen, und dadurch hat das Einsteinsche Gesetz selbst in biologischen Untersuchungen Bedeutung gewonnen; gerade in der Chemie der Fermente und Vitamine spielt ja die Strahlungswirkung offenbar eine entscheidende Rolle.

Felderscheinung und Elementarprozeß.

Wenden wir uns nun der Grundfrage zu, die uns hier beschäftigen soll: Wie ordnet sich diese Gruppe von Strahlungserscheinungen in die *Feldtheorie* ein, die durch die andern Eigenschaften der Strahlung nach unsern früheren Ausführungen unabweisbar gefordert wurde? Hier ergibt sich ein scharfer Widerspruch; wir sehen diesen am besten ein, wenn wir den Vorgang der Lichtaussendung und Lichtausbreitung nach der Feldtheorie mit den eben geschilderten Erfahrungen nebeneinander stellen. Nach der Feldtheorie sendet eine Lichtquelle eine in bestimmtem Rhythmus hin und her schwingende elektro-magnetische Erregung aus, die mit Lichtgeschwindigkeit nach allen Richtungen fortschreitet; die ausgesandte Energie verteilt sich beim Fortschreiten der Erregung auf

immer größere und größere Kugelflächen. Wenn man das
Licht irgendwo durch eine weiße Fläche von bestimmter Größe
abfängt (Abb. 44), so erscheint diese um so weniger hell, je
weiter sie von der Quelle entfernt ist. Und zwar fängt sie in
doppelter Entfernung nur den vierten Teil der Lichtmenge
auf als in einfacher Entfernung. Dies ist eine, natürlich von
jeder Theorie unabhängige, Tatsache.

Die Feldtheorie muß nun diese Tatsache in folgender Weise
auffassen: In der Lichtquelle — etwa einer elektrischen Lampe
— gibt es eine ungeheure Menge strahlender Atome; jedes von
diesen sendet eine Kugelwelle in der Weise aus, wie sie durch die Maxwellschen Gleichungen beschrieben wird; dies ist der *Elementarvorgang;* alle diese Kugelwellen lagern sich übereinander und ergeben zusammen eine beliebig große Intensität als Summe von sehr vielen einzelnen sehr kleinen Intensitäten, deren Einzelmessung experimentell nicht möglich ist. Von jeder dieser einzelnen Kugelwellen aus trifft auf die auffangende Fläche eine mit wachsender Entfernung abnehmende Intensität; an der Beleuchtung der Fläche in un-

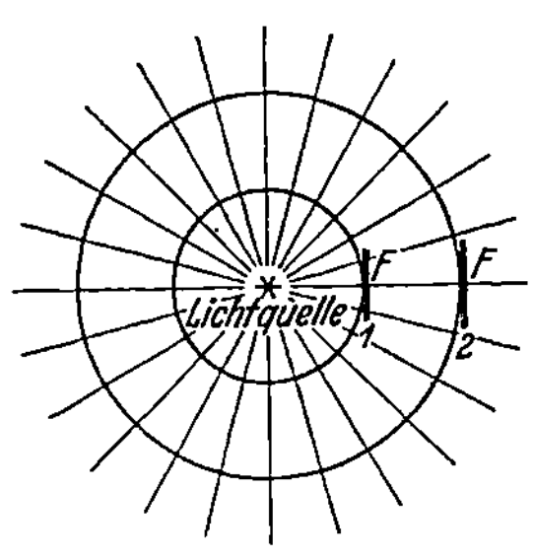

Abb. 44. Kugelwelle. Fläche *F*
ist in Lage 1 viermal so hell be-
leuchtet als in Lage 2; aus einer
Metallfläche werden auch in Lage 1
viermal soviel Elektronen ausgelöst als in Lage 2. Aber die
Geschwindigkeit der Elektronen
ist in beiden Lagen dieselbe.

geheurer Entfernung ist trotz der sehr kleinen Gesamtinten-
sität noch immer *jedes strahlende* Atom mit demselben Bruchteil beteiligt, wie bei der Beleuchtung einer näher liegenden
Fläche. Dies ist eine unabweisbare Folgerung aus der Feldauffassung; aber natürlich gibt ein derartiger *Versuch* nur
das Bild des gesamten Beleuchtungsvorganges und keinen
Anhaltspunkt über den Elementarvorgang, der, in ungeheurer
Vielzahl auftretend, zu der beobachteten Erscheinung führt.

Anders wenn wir als auffangende Fläche eine Metallscheibe
nehmen und nicht die Beleuchtung, sondern die Energie der
ausgelösten Elektronen messen. Dann bleibt natürlich die

Grundtatsache erhalten, daß bei größerer Entfernung weniger Elektronen ausgelöst werden, und zwar im gleichen, durch die verschiedenen Kugeloberflächen gegebenen, Verhältnis wie die Beleuchtungen; aber die kinetische Energie der *einzelnen* Elektronen, die ja nur von der Schwingungszahl des Lichtes abhängt, bleibt immer dieselbe. Der *Elementarvorgang* zeigt also *nicht* die Spur einer *Intensitätsabnahme* mit der Entfernung, sondern bleibt von der Entfernung ganz unbeeinflußt; nur die *Anzahl* der Elementarvorgänge, deren Wirkung auf die Fläche festgestellt wird, nimmt mit der Entfernung ab. Dies zeigt, daß der Elementarvorgang nicht nach den Maxwellschen Gleichungen vor sich gehen kann wie der gesamte beobachtete Vorgang, daß also *wohl die Gesamterscheinung einer Feldauffassung Genüge tut, nicht aber der Elementarvorgang.*

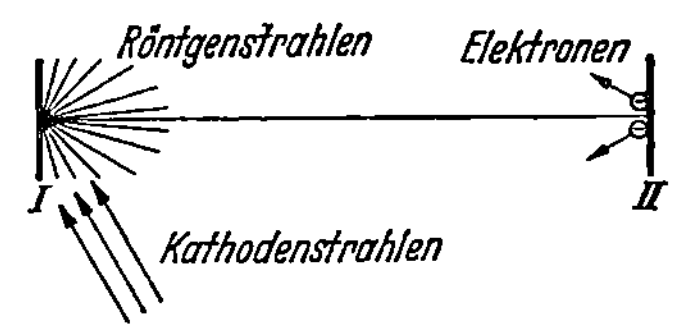

Abb. 45. Energieumsatz im Elementarprozeß. Die Kathodenstrahlen mit Energie E der einzelnen Elektronen erzeugen an Platte I (Antikathode) Röntgenstrahlen; diese machen an Platte II Elektronen frei, von denen ein Teil wieder die ganze Energie E hat.

Um die Erscheinung, die ja der Angelpunkt aller mit unserem Thema verknüpften Überlegungen ist, recht klar hervortreten zu lassen, kombinieren wir die auf S. 105—106 unter 1. und 2. beschriebenen Erfahrungen zu einem Versuch (Abb. 45). Auf eine Platte I (Antikathode einer Röntgenröhre) fallen Elektronen von einer bestimmten Geschwindigkeit, erregen dort Röntgenstrahlen von verschiedenen Schwingungszahlen, deren obere Grenze durch das Einsteinsche Gesetz gegeben ist. Wir lassen diese auf eine beliebig weit entfernte Platte II fallen. Dort lösen sie Elektronen aus, deren kinetische Energie bis zu einer oberen Grenze geht, die *genau gleich der kinetischen Energie* der ursprünglich auf *Platte I auftreffenden* Elektronen ist. Es *gibt also* Elementarprozesse, die so verlaufen: Die kinetische Energie eines auf Platte I fallenden Elektrons (E) setzt sich *vollständig* in Strahlungsenergie von derjenigen Schwingungszahl (ν) um, die durch die Gleichung $\nu = E/h$ mit ihr verbunden ist. Diese Energie wird an einer anderen

Stelle des Raumes, nämlich an Platte II, *vollständig* verfügbar
für einen Elementarprozeß, bei welchem sie als Energie eines
ausgelösten Elektrons wieder in Erscheinung tritt. Also kann
die durch Strahlung fortgeleitete Energie nicht — so wie es
die Feldauffassung der Kugelwellen verlangt — auf immer
weitere Räume verteilt und darum immer dünner im Raum
vorhanden sein, sondern muß zusammenbleiben, muß *ganz an
einer andern Raumstelle zur Verfügung stehen.* (Die Elementarprozesse, bei welchen Energie an Platte I oder Platte II
verlorengeht, verlaufen natürlich analog unter Erhaltung der
Energie; es gibt darüber vollständige Untersuchungen; doch
würden Einzelheiten hier zu weit führen.)

Lichtquanten.

Wir können das Experiment (in Gedanken) so ausführen,
daß wir, ohne an Platte I und den dort einfallenden Elektronen etwas zu ändern, mit Platte II immer weiter und weiter
weggehen; dann werden aus Platte II immer weniger und
weniger Elektronen austreten, schließlich so wenig, daß sie
einzeln beobachtbar sind; diese einzelnen Austritte von Elektronen, die wir als grundlegende Elementarprozesse auffassen
müssen, werden aber in ihrer Energie nicht geringer mit
wachsender Entfernung, sondern der *beobachtete Einzelvor-
gang bleibt derselbe.* Der Charakter der Erscheinung wird
somit genau derselbe wie bei der Beobachtung des einzelnen,
von einem Radiumpräparat ausgesandten Teilchens, also *korpuskular* (s. S. 83). Gehen wir mit einem Meßinstrument, das
fein genug ist, um die Wirkung eines einzelnen Korpuskels
festzustellen, immer weiter und weiter vom Präparat weg, so
wird aus dem in Präparatnähe auftretenden kontinuierlichen
Strom eine Anzahl einzelner auftreffender Teilchen; diese kommen in zeitlich weit getrennten Augenblicken, wenn das In-
strument nur weit genug vom Präparat entfernt wird; aber
die *Einzelwirkung* bleibt von der Entfernung unberührt; es
tritt immer die Wirkung einer ganzen Korpuskel auf, — und
dies und nichts anderes sagen wir ja aus, wenn wir den ganzen Vorgang als *Aussendung von Korpuskeln* beschreiben. So
kommen wir durch Vergleich der beiden Experimente der

Abb. 46 zu der unerhört revolutionären Aussage: Auch beim
Licht und bei jeder *elektromagnetischen Strahlung* geht die
*Energieaussendung und Energieaufnahme und somit auch die
Energieausbreitung* nicht nach den Vorstellungen der Feldtheorie, sondern *wie bei Korpuskeln vor sich;* für alle solchen im vorigen Abschnitt zusammengestellten Erscheinungen ist es, wie wenn das *Licht aus korpuskularen Teilchen*
von der Energie $h\nu$, also von einer mit der Schwingungszahl

Abb. 46. Radiumstrahlen und Lichtquanten. Die einzelnen, vom Radiumpräparat *Ra* ausgesandten Teilchen rufen in der Ionisierungskammer *S*
(G e i g e rscher Spitzenzähler) einzelne Stromstöße hervor; dasselbe vermögen
die einzelnen Lichtquanten, wenn die Schwingungszahl hoch genug ist
(z. B. bei Röntgenstrahlung). *El* Elektrometer.

wachsenden Energie bestehe, die als Ganzes fortgeschleudert
und aufgenommen werden. Man bezeichnet sie als „*Lichtquanten*".

B e d e n k e n.

Ja, und die ganzen *Interferenz*erscheinungen? Hatten nicht
alle im Laufe der Entwicklung gefundenen optischen Erscheinungen zwingend von der ursprünglichen Korpuskularauffas-
sung weggeführt? Wirken nicht Lichterregungen, die auf ganz
verschiedenen Wegen durch den Raum gegangen sind, im
Interferometer (S. 57) zusammen? Ist es danach nicht *ganz
unmöglich,* daß die Energie so zusammengeblieben ist, wie es
die Lichtquantenanschauung verlangt?

Diese Fragen standen drohend und ohne Antwort vor E i n -
s t e i n, als er zuerst von Lichtquanten sprach; sie standen
immer mächtiger, aber immer noch ohne Antwort 20 Jahre
lang vor allen Physikern. Ein *Spalt* im Gebäude der Physik
tat sich auf; zwei unvereinbare Anschauungen — jede für sich
erfolgreich und konsequent — arbeiteten vorwärts; und alle

Anstrengungen, die eine auf die andere zurückzuführen, blieben vergeblich.

Man mag zunächst an eine Wiederbelebung der N e w t o n schen Lichtpartikeln denken und nur im Großen, beim Zusammenwirken ungeheuer vieler solcher Partikeln Interferenzerscheinungen erwarten; aber man kann den Interferenzversuch auch mit außerordentlich *schwachem* Licht anstellen, so daß die Lichtquanten nur zu wenigen gleichzeitig auftreten, und photographisch durch genügend lange Belichtung die zum Messen nötige Intensität herstellen; auch in diesem Falle entstehen Interferenzstreifen; es gibt Stellen, wo die Wirkungen des von verschiedenen Seiten herkommenden Lichtes sich auslöschen. Dies kann man sich nur so vorstellen, daß schon das *einzelne* Lichtpartikel, somit auch unser modernes *Lichtquant für sich* die Interferenzerscheinungen zeigt.

Man kann ferner daran denken, daß das Feld der Strahlung durchaus unberührt durch die Vorgänge im einzelnen lichtsendenden oder aufnehmenden Atom bleibe, daß vielmehr im Atom selbst eine *Aufspeicherung* von Energie stattfinden müsse, die erst bei Erreichung des vollen Quantenwertes zur feststellbaren Wirkung komme. Aber abgesehen davon, daß damit nur eine Frage mit einer neuen beantwortet wäre, würde man mit der Aufspeicherungszeit die größten Schwierigkeiten haben; denn diese würde bei Röntgenstrahlen von hoher Schwingungszahl Jahre betragen können, also weit über den Werten liegen, die bei den Versuchen als möglich herauskommen.

Der Leser wird vielleicht unwillig werden und verlangen, daß er in einem solchen Büchlein Klarheit finde und nicht noch mehr verwirrt werde; aber die Verwirrung, die Erkenntnis einer Schwierigkeit, die über den menschlichen Verstand hinauszugehen scheint, ist gerade ein wesentlicher Punkt für das Verständnis dieses Teils der modernen Physik. Die Unvereinbarkeit der Lichtquantenerscheinungen mit den optischen Wellenvorgängen ist in der Tat so groß, daß selbst M i l l i k a n (1916), als er bei seinen S. 105 erwähnten Forschungen das E i n s t e i n sche Gesetz aufs Genaueste bestätigt fand, hinzusetzte, die Theorie sei trotz dieser richtigen Voraussetzungen absurd. Noch konnte man ja annehmen, daß die ganze Quantenstruktur — wenn auch einstweilen noch unfaßbar — nur die Materie betreffe, nicht den Strahlungsraum, das Feld selbst. Aber auch in dies Gebiet drang die Lichtquantenauffassung siegreich vor in den Versuchen von Compton (1923).

Bewegungsgröße und Rückstoß.

Um Sinn und Bedeutung dieser Versuche zu verstehen, müssen wir wieder den Begriff der *Bewegungsgröße* heranziehen, der uns als wesentlich für das Korpuskelbild (S. 10) entgegengetreten ist. Er ist notwendig, um das Gerichtete, Vektorielle aller korpuskularen Vorgänge zu beschreiben. Die Energie, die wir neben der Bewegungsgröße benutzten, ist ja ungerichtet, von keiner Richtung im Raum abhängig, durch einen einzigen Zahlwert angebbar, während die Bewegungsgröße immer eine bestimmte Richtung im Raum hat und darum nur durch 3 Zahlen vollständig angegeben werden kann. In unsern bisherigen Ausführungen betrachteten wir nur die energetische Seite der Lichtquantenvorstellung; schon diese Überlegungen erschüttern den Feldbegriff. Aber noch mehr werden die Feldvorstellungen verletzt durch den Begriff der Bewegungsgröße, den jede korpuskulare Theorie und also auch die Lichtquantentheorie, notwendig enthalten muß.

An sich ist dieser Begriff der Feldtheorie nicht völlig fremd; schon Maxwell hat aus seiner Feldtheorie den *Lichtdruck* berechnet, den einfallendes Licht auf eine absorbierende Platte ausüben muß. Will man die auf die Platte ausgeübte Kraft in das Newtonsche Begriffssystem einordnen, so muß man sagen: die Bewegungsgröße der einfallenden Strahlung wird an der Platte vernichtet; an ihrer Stelle entsteht eine senkrecht zur Platte wirkende Druckkraft. Diese Kraft ist ganz analog derjenigen, die beim Anprall von Wellen auf die Ufermauer ausgeübt wird. Diese Kraft hat natürlich eine Richtung, nämlich die Fortschreitungsrichtung der einfallenden Wellen; damit ist noch kein korpuskularer Begriff eingeführt. Andrerseits ist aber der *Ausstrahlungs*prozeß in der Feldtheorie ganz ungerichtet; die Lichtquelle — auch die elementare Lichtquelle, die nur von einem schwingenden Elektron

gebildet wird — sendet eine *Kugelwelle* aus, die nach keiner
Richtung hin ausgezeichnet ist. (Die Auszeichnung der Richtung, in welcher das Elektron schwingt, kümmert uns hier
nicht.) Infolgedessen kann auch in dem von einer solchen
Lichtquelle erzeugten Feld keine Bewegungsgröße im Ganzen
vorhanden sein; die Bewegungsgrößen in den verschiedenen
Richtungen heben sich auf. So tragen z. B. die beiden in Abb. 47
hervorgehobenen Teile der elektromagnetischen Erregung jeder
für sich eine Bewegungsgröße mit sich, wie etwa geworfene
Teilchen; aber da von den beiden entgegengesetzten Richtungen keine vor der anderen ausgezeichnet ist, heben sich die
beiden Teile gegenseitig auf. Würde die Lichtquelle — das
schwingende Elektron — etwa nur die Lichterregung nach der

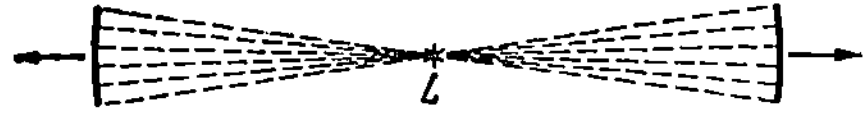

Abb. 47. Bewegungsgröße im Lichtfeld. Die Bewegungsgrößen der beiden
gezeichneten Teile des Lichtfeldes heben sich gegenseitig auf, so daß die
Lichtquelle *L* nach keiner Richtung einen Rückstoß erfährt.

einen Seite aussenden, so würde sie dieser ihre Bewegungsgröße erteilen müssen, wie die Kanone ihrem Geschoß, und
infolgedessen einen *Rückstoß* erfahren müssen, wie die Kanone beim Abschuß. Nach der Feldtheorie muß aber eine
Kugelwelle entstehen, bei welcher jede Bewegungsgröße, die
im Feld in einer Richtung entsteht, durch die entgegengesetzte
im andern Teil des Feldes ausgeglichen wird; dadurch und
nur dadurch wird ein Rückstoß auf die Lichtquelle vermieden.

In diese, mit der *Feldtheorie notwendig verknüpfte* Anschauung von der *richtungslosen Aussendung* des Lichtes
greift nun die Lichtquantentheorie ein; nach dieser muß nicht
nur jeder Prozeß der Lichtaufnahme streng korpuskular aus
einer bestimmten Richtung her erfolgen, sondern auch die
Aussendung von Licht muß *vollständig* gerichtet sein; die
Lichtquelle kann in einem Elementarprozeß nur nach einer
ganz bestimmten Richtung hin ausstrahlen und muß der ausgesandten Lichterregung eine Bewegungsgröße mitgeben wie
einer ausgesandten Korpuskel. Denn sonst könnte ja nicht die

ganze Energie eines Ausstrahlungsprozesses an einer bestimmten anderen Stelle, die doch in einer *ganz bestimmten Richtung* von der Lichtquelle aus gelegen ist, zur Verfügung
stehen. Ist dies aber der Fall, so muß die Lichtquelle bei
jedem Prozeß der Aussendung einen *Rückstoß* erfahren.

Comptoneffekt.

Somit gibt es ein experimentum crucis, welches zwischen
Feldtheorie und Korpuskulartheorie der Lichterzeugung ent-
scheidet; man muß festzustellen suchen, ob bei der Aussendung von Licht ein Rückstoß auf die Lichtquelle auftritt
oder nicht. Eine Möglichkeit, durch Versuch in den Vorgang
der elementaren Lichtaussendung hineinzuleuchten, fand
Compton (1923) in der *Streuung der Röntgenstrahlen*. Es
handelt sich hier um einen speziellen Fall der weitverbreiteten
Erscheinung der Lichtzerstreuung in trüben Medien; der
Leser wird die anschaulichste Vorstellung von dieser Erscheinungsgruppe erhalten, wenn er an die Sonnenstäubchen denkt,
die den Weg der Sonnenstrahlen durch die verunreinigte Luft
sichtbar machen. Gehen die Strahlen durch ganz reine Luft
hindurch, so sieht man sie nicht; man sieht nur ihr Auf-
treffen auf die Wand und kann ihren Weg gedanklich durch
Verbindung des Auftreffpunktes mit der Sonne ergänzen.
Gibt es aber in der Luft genügend Staub- oder auch Feuch-
tigkeitsteilchen, so kommen diese, vom Sonnenlicht getroffen,
selbst zum Leuchten, ihre Oberfläche zerstreut das Licht
nach allen Seiten. Dasselbe Phänomen beobachtet man in
trüben Medien; man hat es experimentell und theoretisch
gründlich studiert und u. a. feststellen können, daß die dis-
kontinuierliche Verteilung der Atome in der Atmosphäre wie
eine Trübung wirkt, daß die Atome unter Einfluß von Strahlung sekundär Licht nach allen Richtungen zerstreuen. Das
Licht, das von irgendeinem Teil des Himmels, an dem die
Sonne gerade nicht steht, zu uns kommt, ist solches zerstreu-
tes Licht; seine blaue Farbe rührt daher, daß die Zerstreuung
der kurzwelligen Strahlung sehr viel stärker ist als die der
langwelligen.

Nun falle ein harter Röntgenstrahl, d. i. also eine Strahlung sehr hoher Schwingungszahl, auf einen Körper, in welchem schwach gebundene Elektronen vorhanden sind; unter schwacher Bindung versteht man eine solche, unter deren Wirkung die Elektronen, so wie die Masse in Abb. 4, trotz ihrer geringen Masse sehr viel langsamer hin und her schwingen als das Strahlungsfeld. Dann verhalten sich diese Elektronen gegenüber der Strahlung wie freie, gar nicht gebundene Elektronen; sie können den auf sie fallenden Schwingungen, die ja eine rasch wechselnde elektrische Kraft ausüben, folgen, vollführen somit selbst schwingende Bewegungen und werden dadurch von selbst Quellen der Strahlung. Auf Grund dieser einfachen Vorstellung kann man (weniger einfach) die optischen Erscheinungen in trüben Medien berechnen.

Machen wir uns nun von allen speziellen Vorstellungen frei, so haben wir die Erscheinung, daß unter Einfluß des einfallenden Röntgenstrahles in dem bestrahlten Körper sehr viele Quellen von Röntgenstrahlen entstehen, deren Ausstrahlung sich summiert. Gilt die Feldtheorie, läßt sich also die an optischen Erscheinungen bewährte Vorstellung der Kugelwellen auch auf die raschen Röntgenschwingungen übertragen, so müssen

1. die aussendenden Elektronen keinen Rückstoß erleiden, also darf keine Emission von Elektronen auftreten;
2. muß die zerstreute Strahlung dieselbe Schwingungszahl haben wie der einfallende Strahl.

Nach der Lichtquantenauffassung jedoch finden *Zusammenstöße* zwischen den korpuskularen *Lichtquanten und den Elektronen* statt; von diesen wird man am einfachsten unter restloser Übertragung der im Korpuskelbild bewährten Gesetzmäßigkeiten erwarten, daß Bewegungsgröße und Energie dabei erhalten bleiben, wie bei dem S. 19 besprochenen Zusammenstoß vollkommen elastischer Billardkugeln. Dann erfährt das von einem ankommenden Lichtquant getroffene Elektron einen Stoß, und das Lichtquant, welches nach dem Stoß von der Stoßstelle ausgeht, hat eine Bewegungsgröße, die mit der des Elektrons zusammen gerade gleich der Be-

wegungsgröße des ankommenden Lichtquants ist. Über die
Richtung, in welcher Elektron und Lichtquant ausgesandt
werden, sagt diese einfache Theorie nichts aus (auch bei
Billardkugeln nicht); nur hängt die Richtung des Elektrons
zwangsläufig mit der Richtung des Lichtquants zusammen.
Es ergibt sich also im Gegensatz zu der Kugelwellentheorie

1. daß Elektronen aus dem die Röntgenstrahlen zerstreuen-
   den Körper unter Einfluß der ihnen erteilten Bewegungsgröße austreten müssen.

Ferner aber folgt aus der Erhaltung der Energie, daß die dem
Elektron erteilte Energie dem einfallenden Lichtquant entzogen
werden muß und darum dem Lichtquant des zerstreuten
Röntgenstrahls nicht zur Verfügung steht; das Lichtquant des
zerstreuten Röntgenstrahles hat also *weniger Energie* als das
Lichtquant des einfallenden Röntgenstrahles, und da die
Energie eines Lichtquantes durch die Schwingungszahl ge-
messen wird ($E = h\nu$), muß

2. die Schwingungszahl des zerstreuten Röntgenstrahles kleiner sein als die des einfallenden.

Die Versuche von Compton entschieden eindeutig *für die
Lichtquanten*theorie; sowohl die Änderung der Schwingungszahl als auch die Aussendung von Elektronen ließen sich einwandfrei nachweisen. Mit Hilfe von mehreren Zählerinstru-
menten, welche die Wirkung einzelner Elektronen und Lichtquanten feststellen konnten, wurde sogar von Geiger und
Bothe (1925) das *gemeinsame* Auftreten von zerstreuter
Röntgenstrahlung und Elektronenemission in bestimmten
Richtungen als Elementarprozeß nachgewiesen.

Smekal-Raman-Effekt.

Bei dieser Gelegenheit sei auch auf den *Smekal-Raman-
Effekt* (1928) hingewiesen, der bei Zerstreuung sichtbaren
Lichts auftritt. Schickt man einen Strahl von bestimmter
Schwingungszahl („monochromatisches" Licht) durch eine
zerstreuende Flüssigkeit, so treten im zerstreuten Licht auch
Schwingungszahlen auf, die sich von der ursprünglichen um

ganz bestimmte, von der chemischen Natur der Flüssigkeit abhängige Beträge unterscheiden. Die — positiven oder negativen — Änderungen der zerstreuten gegenüber der ursprünglichen Schwingungszahl messen, mit der Konstante h multipliziert, Energiebeträge, welche das Atom dem Lichtquant entreißen oder hinzufügen kann; man erhält auf diese Weise ein Maß dieser Energiebeträge und somit einen Einblick in die chemischen Bindungen. Für uns ist wichtig, daß auch hier nach dem Lichtquantengesetz eine — der Feldtheorie vollkommen fremde — *Schwingungszahländerung durch Energiezufuhr oder -abfuhr* eintritt. Für unser Problem ist allerdings der Compton-Effekt noch gewichtiger, da er auch das Vorhandensein von Bewegungsgrößen zeigt, nicht nur den Umsatz von Energiebeträgen.

Zusammenfassung.

Zusammenfassend stellen wir die beiden Welten physikalischer Anschauung, das Korpuskel- und das Feldbild einander wieder gegenüber; die schöne Vereinigung in der Elektronentheorie ist dahin; das Nebeneinanderstehen in verschiedenen Gebieten, die voneinander getrennt sind, hat einem scharfen Widerspruch in *einem* Gebiet, nämlich in dem großen Bereich der Strahlungsvorgänge weichen müssen.

Auf der einen Seite stehen alle Erscheinungen der *Interferenz;* für diese ist das Zusammenwirken von elektromagnetischen Erregungen, die auf verschiedenen Wegen durch den Raum fortschreiten, wesentlich. Nur die *Feldtheorie* kann diesen Vorgängen gerecht werden. Alle Ausbreitungsvorgänge, selbst die feineren Erscheinungen bei Reflexion und Brechung, Schattenbildung und Beugung, hängen an den Feldbegriffen; ohne diese gäbe es auch keinen Anschluß zu den anderen elektromagnetischen Gebieten, keine Messung von Wellenlängen, keine Spektroskopie im sichtbaren und Röntgenbereich, keine Klarheit über die Kristallstruktur usw. Auf der anderen Seite finden wir alle Vorgänge der *Strahlungserzeugung und Strahlungsaufnahme, sowie Strahlungsumwandlung* mit Bewegungsgrößen verbunden und atomistisch aufgebaut, so daß nur ein radikales *Korpuskularbild* die Erscheinungen befriedigend darstellt. An diesem Korpuskularbild hängen die großen Erfolge, welche die physikalische Forschung im Gebiet des Atom- und Molekülbaus errungen hat; weite Bereiche, wie die Spektrallinien und das System der chemischen Elemente, die früher keinem physikalischen Bild zugänglich waren, haben sich dem Verständnis eröffnet.

Feldbild und Korpuskelbild im nämlichen Gebiet, jedes bei gewissen Erscheinungen unumgänglich, bei anderen hilflos! Ein Widerspruch, ein Riß im Gebäude der Physik! Die Strahlung kann doch nicht *sowohl* im Raume feldförmig sich ausbreiten *als auch* hinsichtlich Energie und Bewegungsgröße in ganzen, mitunter sehr großen Komplexen an bestimmter Stelle zur Verfügung sein?! Vergleichen wir die beiden Abb. 23 und 45; die Interferenzerscheinung zeigt zweifellos, daß die zusammenwirkenden Teile des Lichtes auf verschiedenen Wegen die Apparatur durchlaufen haben; die Umsetzung des Elektronenstrahls in Röntgenstrahlung und umgekehrt zeigt ebenso zweifellos, daß die Energie nicht durch Ausbreitung nach allen Seiten zerstreut worden sein kann. Jede Zurückführung des einen Bildes auf das andere muß scheitern; keine Kritik der Experimente hat ihre Stichhaltigkeit in wesentlichen Punkten erschüttern können. Hier liegt die tiefste Frage, welche die Sphinx „anorganische Natur" seit Jahrhunderten gestellt hat.

Exkurs über theoretische und experimentelle
Forschung.

So hat die Physik der letzten Jahrzehnte in dem hier betrachteten Gebiet zu einer ungeheuren Fülle neuer Entdeckungen, Kenntnisse und Erkenntnisse geführt; aber der forschende Geist ist zunächst nicht zu einer erhöhten Klarheit und Harmonie geführt worden. Wir würden diese ganzen Leistungen nicht vollständig überblicken, wenn wir uns nicht kurz den Weg vor Augen führen würden, den die Forschung gegangen ist, und der sich natürlich von dem hier aus Gründen der Begehbarkeit eingeschlagenen Weg vielfach unterscheidet. Auch sind die in weiten Kreisen verbreiteten Anschauungen über die gegenseitigen Beziehungen zwischen theoretischer und experimenteller Forschung oft so ungerecht, daß ein historischer Überblick über die Ergebnisse dieses Kapitels sich lohnen wird.

Es hätte ja wohl *so sein können*, daß eines Tages die Versuche eines Physikers das Quantengesetz in seiner einfachsten Gestalt ergeben hätten, etwa dadurch, daß er den lichtelektrischen Effekt (S. 105) messend vollkommen klargestellt hätte. Diese Forschungen hätten zu den andern S. 105—107 zusammengestellten Erscheinungen ohne große theoretische Arbeit hinführen und auch Zweifel an den alten Feldvorstellungen erwecken können. Von hier aus hätte ein Ordnungsprinzip für die Spektrallinien gefunden, und schließlich durch theoretische Arbeit die Theorie des Atoms aufgestellt werden können. Zuletzt wäre man dann vielleicht darauf gekommen, die so erkannten Gesetzmäßigkeiten auf Körper, die aus sehr vielen einzelnen Atomen bestehen, mit Hilfe statistischer Rechnungen anzuwenden und hätte die Gesetze der Wärmestrahlung und der spezifischen Wärme des festen Körpers gefunden. So hätte es gewiß sein können; und wenn es wahr wäre, was viele Verächter theoretischer Arbeit denken, daß nur immer ein *neuer* Griff in das Reich der Erfahrung die Wissenschaft fördern könne, und daß der ordnende Geist immer nachhinken müsse, so hätte es auch gar nicht anders sein können.

Aber es war doch ganz anders! Auf Grund ganz komplizierter Gedankengänge hat Planck (1900) an einer sehr verwickelten physikalischen Erscheinung, der Wärmestrahlung, erkannt, daß die gesicherten Prinzipien, auf Grund deren einfachere Vorgänge berechnet werden konnten, nicht ausreichten, um den Tatsachen gerecht zu werden, und daß eine Naturkonstante von sehr absonderlicher Art vorhanden sei, deren Bedeutung geklärt werden müsse. Plancks Anschauung brauchte noch nicht allzu revolutionär zu sein; es war damals durchaus möglich, daß die atomistische Struktur der Elektrizität, das Elektron, für die Unstimmigkeiten verantwortlich war. Auch ergab sich noch kein Grund, an der Feldtheorie der Strahlung zu zweifeln. Diese revolutionären

Zweifel tauchten erst auf, als Einstein (1905) die Plancksche Konstante mit den Elementarprozessen beim lichtelektrischen Effekt und anderen derartigen Erscheinungen in Zusammenhang brachte. Aber auch bei Einstein kam die Überzeugung von dem Zwiespalt, der sich in der Physik der Strahlung auftun müsse, nicht von den wenigen, gesicherten Tatsachen des lichtelektrischen Effektes her; diese bestätigten ihm nur seinen Zweifel an der reinen Feldnatur der Strahlung, den er aus der Planckschen Formel der Wärmestrahlung gewonnen hatte; er knüpfte nämlich ähnliche — recht abstrakt theoretisch anmutende — Betrachtungen daran, wie wir sie auf Grund der Korpuskulartheorie an die Wärmeerscheinungen im allgemeinen S. 36 knüpften (die genauere Auseinandersetzung würde an dieser Stelle zu schwierig sein). Erst nachdem durch solche theoretischen Betrachtungen der Glaube an die reine Feldtheorie erschüttert war, suchte er nach Erscheinungen, welche eine neue, bessere Theorie herbeizuführen versprachen.

Die Erkenntnis, daß die Plancksche Konstante ein neues Element in die Forschung brachte, das zum Widerspruch gegen die alten Feldvorstellungen notwendig führen mußte, daß also gewisse Widersprüche zunächst einmal nicht unbedingt aus den Überlegungen ausgeschaltet werden mußten, führte zur Theorie der spezifischen Wärme (1907) und zur Bohrschen Spektrallinientheorie (1913), auf deren teilweise Losgelöstheit von früheren Vorstellungen oben (S. 98) schon hingewiesen wurde. Erst auf Grund der drei aus den Planckschen Überlegungen theoretisch entwickelten Gedankengänge — Lichtquanten (1905), spezifische Wärme (1907), Spektrallinientheorie (1913) — setzt die große systematische experimentelle Entwicklung ein, die in ständiger Fühlung mit der ausarbeitenden theoretischen Forschung das Gebäude der Quantenphysik errichtet.

Mit diesem Gebäude wächst aber zunächst auch der große Zwiespalt und die große Frage nach der Vereinigung des Korpuskular- und des Feldbildes.

Fünftes Kapitel.

Feldeigenschaften der Materie.

Lichtquant und materielle Korpuskel.

Die Lichtquanten haben korpuskulare Eigenschaften; sie
werden aber durch andere *Bestimmungsstücke* beschrieben
als die Materieteilchen: Die Bestimmungsstücke eines Lichtquantes sind Schwingungszahl (ν) und Fortpflanzungsgeschwindigkeit (c) der Lichtwelle, bei deren Ausbreitung das
Lichtquant durch seine Energie und seine Bewegungsgröße
hervortritt; die ursprünglich korpuskularen Größen: Energie und Bewegungsgröße werden aus Feldgrößen berechnet
mit Hilfe der universellen Konstanten h; die Energie eines
Lichtquantes ist $h\,\nu$, die Bewegungsgröße ist nach irgendeiner bestimmten Seite gerichtet, (ein Vektor) vom absoluten
Betrag $\frac{h\,\nu}{c}$. Allgemein kann man in jedem Feld bei jeder
Wellenausbreitung von Energie*dichte* und Dichte der Bewegungsgröße sprechen, d. i. von dem Betrag der Energie
und der Bewegungsgröße, die in der Raumeinheit enthalten
sind; diese hängen dann immer so zusammen, daß die Dichte
der Bewegungsgröße ihrem absoluten Betrag nach (d. h. abgesehen davon, daß sie eine Richtung hat) gleich der Energie-
dichte dividiert durch die Fortpflanzungsgeschwindigkeit ist.
Die Beziehung zwischen Energie und Bewegungsgröße in der
Quantentheorie bleibt dieselbe; nur hat man anstatt einer
Energie*dichte* korpuskelartig zusammenbleibende Energiebeträge, die der Schwingungszahl proportional sind.

Ganz andere Begriffe bestimmen Energie und Bewegungsgröße *materieller Korpuskeln,* nämlich die Masse (m) und
die Geschwindigkeit (v); auch sprachen wir früher nicht allgemein von der Energie, sondern nur von der „kinetischen
Energie" eines bewegten Materieteilchens. Um nun Lichtquanten und materielle Korpuskeln irgendwie aufeinander beziehen oder nur miteinander vergleichen zu können, müssen
wir einen Zusammenhang zwischen Schwingungszahl (ν)
und Fortpflanzungsgeschwindigkeit (allgemein w) einerseits,
Masse (m) und Bewegungsgeschwindigkeit (v) andererseits

finden. Die Brücke wird geschlagen durch die *Relativitäts-theorie;* da in dieser Theorie die Lichtgeschwindigkeit c eine besondere Rolle spielt, wollen wir die Fortpflanzungsgeschwindigkeit einer Welle allgemein mit w bezeichnen und nur im speziellen Fall, daß es sich um eine Strahlung im leeren Raum handelt, $w = c$ setzen.

Es ist unmöglich, hier die Begriffe der Relativitätstheorie ausführlich zu erläutern; es sei auf Bd. 14 der Sammlung „Verständliche Wissenschaft" verwiesen; wir stellen hier nur die *Er-gebnisse* der Theorie zusammen, die wir nötig haben:

Ergebnisse
der Relativitätstheorie.

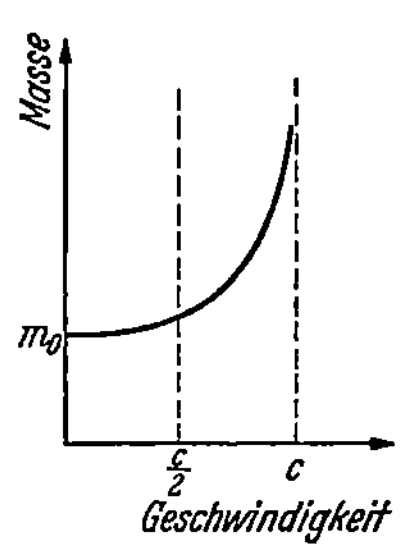

Abb. 48. Masse und Geschwindigkeit. In der Relativitätstheorie wächst die Masse eines Körpers von der Ruhmasse m_0 bei Geschwindigkeit Null mit wachsender Geschwindigkeit an und wächst über alle Grenzen bei Annäherung an die Lichtgeschwindigkeit c.

1. Die *Masse* eines Körpers ist nicht von seiner *Geschwindigkeit* — d. h. natürlich von seiner Relativitätsgeschwindigkeit gegen den Beobachter und seine Instrumente — unabhängig; sie wächst vielmehr mit der Geschwindigkeit an und wird unendlich bei Erreichung der Lichtgeschwindigkeit; der mathematische Ausdruck lautet $m = \dfrac{m_0}{\sqrt{1 - \dfrac{v^2}{c^2}}}$, wenn m_0 die Masse des ruhenden Körpers, die „*Ruhmasse*", v die Bewegungsgeschwindigkeit, c die Lichtgeschwindigkeit bedeuten. Man braucht ja wohl kein Mathematiker zu sein, um zu sehen, daß $\sqrt{1 - \dfrac{v^2}{c^2}}$ mit wachsendem v immer kleiner wird und gleich Null, wenn $v = c$, daß somit die Masse m mit Annäherung an die Lichtgeschwindigkeit ins Unendliche wächst.

2. *Masse* (m), d. i. die Eigenschaft der Trägheit, die einer Beschleunigung widerstrebt, und *Energie* (E) irgendwelcher Art hängen zwangsläufig so zusammen, daß $E = mc^2$, wobei c, wie immer im folgenden, die Lichtgeschwindigkeit bedeutet. Wieso

123

gerade diese Größe, die nichts mit Masse oder Energie zu tun zu haben scheint, hier auftritt, kann nur aus dem ganzen Gedankengang der Relativitätstheorie verstanden werden. Das Gesetz besagt, daß, wenn irgendwie in einem Körper Energie vorhanden ist — z. B. als Wärme oder als Strahlung in einem Kasten mit spiegelnden Wänden —, die Masse dieses Körpers um den Betrag „Energie dividiert durch c^2" erhöht erscheint; oder auch, daß man jede Masse als Konzentration einer Energie vom Betrage mc^2 auffassen kann. Nicht die Masse eines Körpers bleibt — wie in der alten Mechanik — bei jeder physikalischen Veränderung erhalten, auch nicht die Energie für sich, sondern nur die Summe aus der Masse und der durch c^2 geteilten Energie.

Das einfachste Beispiel ist der Fall, den wir gerade brauchen: Die Relativitätstheorie sieht $m_0 c^2$ als die „*Energie der Ruhmasse*" eines Körpers, $mc^2 = \dfrac{m_0}{\sqrt{1 - \dfrac{v^2}{c^2}}}\, c^2$ als die „Energie der bewegten Masse" an; bei Geschwindigkeitserhöhung, etwa durch Arbeitsleistung, werden Energie *und* Masse des Körpers erhöht. Die alte Mechanik verband mit der Masse des ruhenden Körpers noch keinen Energiebegriff und führte eine für sich bestehende, durch Arbeit erzeugbare „kinetische Energie" $\left(\dfrac{m_0}{2}\, v^2\right)$ ein. Der Leser, der Reihenentwicklungen nach T a y l o r gelernt hat, kann ohne weiteres in erster Annäherung diese kinetische Energie als Differenz der Energien der bewegten und der Ruhmasse erhalten. Angesichts der überragenden Größe der Lichtgeschwindigkeit gegenüber allen materiellen Geschwindigkeiten ist es klar, daß diese Differenz fast immer klein im Vergleich mit der Energie der Ruhmasse ist.

3. Ein drittes wichtiges Ergebnis der Relativitätstheorie für unser Problem ist die *Unabhängigkeit der Konstanten h* von der Geschwindigkeit; Energie und Schwingungszahl hängen in ganz gleicher Weise von der Geschwindigkeit ab, so daß h in der Gleichung $E = h\,\nu$ gar nicht vom Bewegungszustand abhängen kann, somit, wie man in der mathematischen Physik sagt, eine „*invariante*" Größe ist. Dies ist keineswegs selbst-

verständlich und hätte eventuell von der Relativitätstheorie aus zur Entdeckung der Lichtquantentheorie führen können — wenn letztere nicht ein halbes Jahr älter wäre. Wir wollen aber auf diesen mehr formalen Gesichtspunkt hier nicht weiter eingehen.

Anwendung von Wellenbegriffen auf die Korpuskel.

Wir können nun die Wellenbegriffe des Lichtquants und die Korpuskularbegriffe eines Massenteilchens einander gegenüberstellen: Offenbar gibt es keine Ruhmasse bei einem Lichtquant; denn wenn nicht $m_0 = 0$ ist, gehört zu $v = c$ eine unendliche Masse und eine unendliche Energie. Wir müssen also *Lichtquanten als Korpuskeln ohne Ruhmasse* ansehen; solche müssen sich mit Lichtgeschwindigkeit bewegen, sonst wäre ihre Energie Null. Nur wenn im Ausdruck für die Masse m auch der Nenner $\sqrt{1 - \dfrac{v^2}{c^2}}$ gleich Null ist, kann mit $m_0 = 0$ eine endliche Energie herauskommen; diese kann man natürlich nicht mehr durch korpuskulare Begriffe beschreiben.

Sehen wir andrerseits die Lichtquanten mit ihrer Energie $h\nu$, und ihrem Betrag der Bewegungsgröße $\dfrac{h\nu}{c}$, als den Grenzfall $w = c$ einer Wellenbewegung von der Fortpflanzungsgeschwindigkeit w an, so kommen wir zu einer allgemeinen Beschreibung der Energie und Bewegungsgröße durch Wellenbegriffe, wenn wir annehmen: Jedes korpuskelartige Gebilde wird beschrieben durch eine Schwingungszahl ν und eine Fortpflanzungsgeschwindigkeit w, so daß seine Energie $h\nu$, der Betrag seiner Bewegungsgröße $\dfrac{h\nu}{w}$ ist. Soll dieser rein formale Ansatz physikalischen Sinn haben, so muß man es in folgender Weise in Korpuskelbegriffe übersetzen:

$$\text{Energie } h\nu = \text{Energie } mc^2,$$

$$\text{Bewegungsgröße } \frac{h\nu}{w} = \text{Bewegungsgröße } m\,v$$

$$\left(\text{wobei wieder } m = \frac{m_0}{\sqrt{1 - \dfrac{v^2}{c^2}}}\right).$$

Daraus folgen — auch für Nichtmathematiker leicht zu
sehen — die Beziehungen

$$\nu = \frac{mc^2}{h} \qquad w = \frac{c^2}{v}.$$

*Eine Welle von dieser Schwingungszahl ν mit dieser Fort-
pflanzungsgeschwindigkeit w besteht nach der Quantentheorie
aus Quanten von derselben Energie und derselben Bewegungsgröße, wie eine Korpuskel von der Masse m bei der Bewegungsgeschwindigkeit v.*

Materiewellen.

Diese scheinbar ganz formale Zuordnung von Wellenbegriffen zu Korpuskelbegriffen bildet die Grundlage des Gedanken-
ganges von de Broglie (1924), durch den unser Problem —
Korpuskel und Feld — entscheidend weiter entwickelt und
vertieft worden ist. De Broglie sprach nur ganz vorsichtig
von einer „Verbindung" der Korpuskelbewegung mit einer
Wellenausbreitung. Wir wollen hier — zunächst und nur der
besseren Verständlichkeit wegen — etwas brutaler fragen: *Ist
nicht vielleicht das, was wir als Korpuskelbewegung wahrnehmen, in Wirklichkeit auch nur eine Ausbreitung von
Wellen?* Wir nehmen ja auch einen Lichtstrahl wahr, der
gerade wie eine Korpuskel vorwärts schreitet, und in Wirklichkeit breitet sich eine Welle aus. Für uns sieht es aus, wie
wenn ein Körper oder ein Lichtstrahlteilchen materiell sich
bewege; in Wahrheit schreitet eine Wellenbewegung durch
den Raum, deren Verlauf die materielle Bewegung vortäuscht.

Wir können zunächst auf Grund unserer formalen Überlegungen diesen Standpunkt durchaus als möglich und verlockend erkennen; wir sehen etwa ein Elektron von Ruhmasse m_0 mit der Geschwindigkeit v sich bewegen und
schließen nach der Analogie von Strahl und Wellenfeld
auf eine Welle von Schwingungszahl ν und Fortpflanzungsgeschwindigkeit w, die diese Erscheinung hervorruft. Aus
unseren Messungen von m_0 und v können wir auch ν und w
berechnen.

Was spricht gegen diesen Standpunkt? Und was können
wir durch diesen Standpunkt gewinnen?

Das Hauptbedenken ist wohl die *Geschwindigkeit;* da v stets kleiner als c sein muß (wie Erfahrung und Relativitätstheorie zeigen), folgt $w = \dfrac{c^2}{v}$, also stets größer als c. Nur im Grenzfall der Lichtquanten $(v = c)$ ist auch $w = c$ und somit auch $v = w$; Welle und Quant schreiten mit der gleichen Geschwindigkeit vorwärts. Aber in allen anderen Fällen sind w und v ganz verschiedene Geschwindigkeiten. Hat es Sinn zu sagen, daß eine mit Überlichtgeschwindigkeit fortschreitende Welle als ein mit Unterlichtgeschwindigkeit bewegtes Teilchen wahrgenommen werden kann? Haben die beiden hier miteinander in Beziehung gesetzten Geschwindigkeiten eine Bedeutung in der Wellenlehre?

Gruppen

geschwindigkeit.

Um diese Fragen bejahend beantworten zu können, müssen wir den Begriff der Wellengeschwindigkeit genauer betrachten; man kann 3 verschiedene Begriffe haben, wenn man von der Geschwindigkeit eines Wellenfeldes spricht:

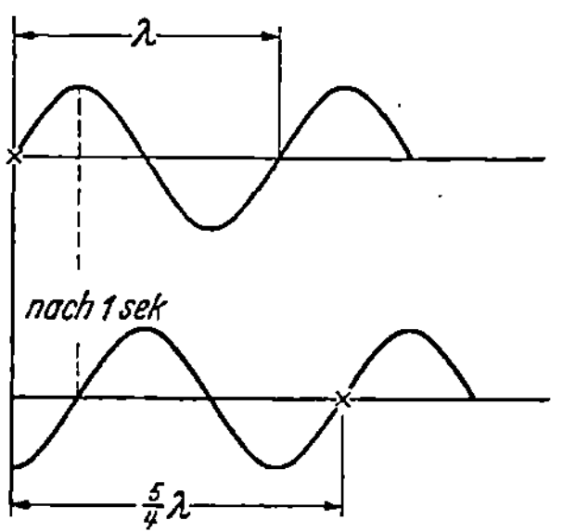

Abb. 49. Phasengeschwindigkeit. In einer Sekunde haben in der Abbildung alle Punkte $\dfrac{5}{4}$ mal alle Phasen durchlaufen, die Schwingungszahl ν ist $\dfrac{5}{4} \cdot \dfrac{1}{\text{sec.}}$, die Phasengeschwindigkeit ist $\dfrac{5}{4}\lambda\dfrac{\text{cm}}{\text{sec}}$.

1. Man erregt irgendwo ein Feld und fragt nach der Zeit, in welcher diese Erregung in einer bestimmten Entfernung von der Erregungsstelle ankommt; diese Geschwindigkeit ist als *Signalgeschwindigkeit* zu verstehen.

2. Man betrachtet einen Wellenzug von lauter gleichen Wellenlängen (λ); bei bestimmter Schwingungszahl (ν) durchläuft ein Punkt alle Zustände des Auf und Ab (alle „Phasen") so oft in der Sekunde, als die Schwingungszahl angibt (Abb. 49); es ergibt sich ein Bild, in dem ν Wellen von der Länge λ in der Sekunde über jeden Punkt hinweggehen. Die Phase, die bei Beginn der Sekunde gerade an einem Punkte war, ist nach

der Sekunde in der Entfernung λ; dieser von der Phase in der Sekunde zurückgelegte Weg $\nu\lambda$ ist nach der Definition eine Geschwindigkeit; diese Geschwindigkeit, eine rein *geometrische* Größe, heißt die *Phasengeschwindigkeit*.

3. Bei einer derartigen fortschreitenden Wellenerregung wandert im allgemeinen Energie mit der Welle; aber die *Geschwindigkeit*, mit welcher diese *Energie fortschreitet*, eine rein *physikalische* Größe, muß keineswegs mit der Phasengeschwindigkeit übereinstimmen. Um das einzusehen, denke man an die Wellenbewegung, welche der Wind in einem Kornfeld erzeugt (Abb. 5o); ein Windstoß laufe über ein solches Feld und zwinge alle Ähren sich nach seiner Richtung zu neigen;

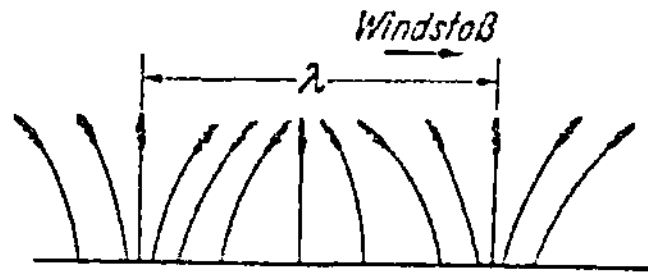

Abb. 50. Phasengeschwindigkeit und Energiewanderung. Bei Wellen, die ein Windstoß im Kornfeld erregt, ist die Phasengeschwindigkeit gleich der Geschwindigkeit des Windstoßes, also nur von der Windgeschwindigkeit abhängig; die Schwingungszahl ist aber nur durch die Eigenschwingung der Ähre gegeben. Jede Ähre schwingt für sich; die Energie schreitet gar nicht fort.

die Geschwindigkeit, mit welcher die Ähren hintereinander in dieselbe Phase der Neigung hineingezwungen werden, ist dann durch die Windgeschwindigkeit bestimmt. Die Schwingungszahl aber hängt nur von dem Bau der Ähren ab; einmal in Bewegung gesetzt, schwingt jede Ähre hin und her wie ein Pendel; diese Schwingungszahl hängt also gar nicht von der Windgeschwindigkeit ab. Wäre keine Reibung vorhanden, so würden alle Ähren beliebig lange weiterschwingen; sie geben auch keine Energie aneinander ab, wenn sie weit genug auseinanderstehen und sich daher nicht berühren; die Energie geht also überhaupt nicht von einem Teil des Feldes in den anderen über; die *Geschwindigkeit der Energie* ist hier also Null und etwas völlig anderes als die *Phasengeschwindigkeit*, die ja gleich der Windgeschwindigkeit ist. Man nennt in der Physik diese dritte Geschwindigkeit, die physikalisch die bedeutendste ist, die „*Gruppengeschwindigkeit*". (Diese aus un-

serer Darstellung heraus nicht verständliche Bezeichnung rührt
daher, daß dieselbe Geschwindigkeit als geometrische Größe
beim Fortschreiten einer Gruppe von Wellen mit nahezu gleicher Wellenlänge auftritt.)

Das Beispiel von Wind und Kornfeld ist insofern extrem, als
es die Ursachen für die Entstehung einer bestimmten Phasengeschwindigkeit und einer bestimmten Energiegeschwindigkeit
vollkommen trennt. Im allgemeinen hängen beide Ursachen dadurch zusammen, daß sie von denselben Eigenschaften des durchlaufenen Mediums herrühren. Wir sahen oben (S. 87), daß die
elektromagnetische Erregung in Körpern gewisse eingebettete
Ladungen oder elementare Magneten oder Resonatoren zum
Mitschwingen zwingt; dadurch wird der Welle, welche die Erregung fortpflanzt, Energie entzogen, und diese Energie wird
erst nach und nach, je nach der Art, wie die einzelnen mitschwin-
genden Elemente miteinander verbunden sind, weitergegeben;
die *Energie schreitet also langsamer fort als die Phase der Welle.*

Diesen Unterschied kann man gut beobachten, wenn man
die Wellenerscheinung, die durch einen ins Wasser geworfenen Stein hervorgerufen wird, genau beobachtet; allerdings
treten hier Wellen von verschiedenen Längen und Schwingungszahlen auf. Aber man sieht doch deutlich, wie die Wellen
vom hinteren Teil der Erregungsstelle nach vorne eilen, wie
sie gewissermaßen über die Wasseranschwellung wegeilen und
dabei niedriger werden und schließlich erlöschen; diese Wellen
zeigen die Phasengeschwindigkeit, während die Anschwellung
langsamer mit der Energie- oder Gruppengeschwindigkeit
nachfolgt. Man sieht bei aufmerksamer Betrachtung deutlich,
daß die (geometrischen) Wellen rascher laufen als die Anschwellung, in welcher die Energie steckt.

Ohne Mathematik kann nicht mehr gesagt werden, und auch
das Ergebnis in unserem Fall kann nur angegeben werden:
Bei den Materiewellen, die sich mit der Überlichtgeschwindigkeit w als Phasengeschwindigkeit fortpflanzen, *schreitet die*

Energie mit der *Gruppengeschwindigkeit* $v = \dfrac{c^2}{w}$ fort, gerade

mit der von uns an der materiellen Bewegung *beobachteten
Geschwindigkeit.*

Mit diesem Ergebnis ist der nächstliegende Einwand behoben und die erreichbare Anschaulichkeit in die Theorie der Materiewellen gebracht; die nach der Quantentheorie in einem Materiewellenfeld (ν, w) auftretenden Quanten können von uns als Korpuskeln von Masse m und Geschwindigkeit v wahrgenommen werden. Damit ist die Theorie auf die Stufe der Strahlungstheorie gebracht, in welcher der Dualismus Wellen-Lichtquanten besteht; alles was dort als Widerspruch hingenommen werden mußte, bleibt aber freilich auch in der Theorie der Materiewellen trotzdem bestehen. Darauf müssen wir später noch zurückkommen. Zunächst wenden wir uns der positiven Seite, den Leistungen und Entdeckungen der Theorie zu.

Beugung der Materiewellen.

Das Kriterium für das Vorhandensein von Wellen sind *Interferenz*erscheinungen; wenn Wellen durch Gitter gesandt werden, bei denen der Abstand von Streifen zu Streifen oder von Gitterpunkt zu Gitterpunkt nicht viel größer und nicht viel kleiner ist als die Wellenlänge, so beobachtet man *„Beugung“*. Die Wellenlänge (λ) ist gegeben, durch den Quotienten: „Fortpflanzungsgeschwindigkeit“ (w) geteilt durch Schwingungszahl (ν), wie aus Abb. 49 hervorgeht, also in unserem Fall nach den Formeln auf S. 126.

$$\lambda = \frac{w}{\nu} = \frac{c^2}{v} : \frac{m\,c^2}{h} = \frac{h}{m\,v} \,.$$

Setzen wir die Zahlwerte ein, so ergibt sich für Elektronen, wie sie als *Kathodenstrahlen mittlerer Geschwindigkeit* greifbar sind:

$$m = 9 \cdot 10^{-28} \text{ g,} \qquad h = 6{,}6 \cdot 10^{-27} \text{ erg/sec,}$$
$$v = 10^8 \text{ bis } 10^{10} \text{ cm/sec,} \qquad \lambda = 10^{-7} \text{ bis } 10^{-9} \text{ cm.}$$

Die errechneten Wellenlängen liegen im Gebiet der Röntgenstrahlen, für welche nach v. L a u e die Kristalle natürliche Beugungsgitter sind.

Die Versuche wurden zuerst an Kathodenstrahlen ausgeführt von D a v i s s o n und G e r m e r (1927), später von vielen anderen; der Erfolg war bis in alle Einzelheiten der erwartete;

ein Beispiel zeigt Abb. 51, deren Ähnlichkeit mit Abb. 33 c in die Augen springt. Dieselbe Erscheinung konnte auch an schweren materiellen Teilchen, nämlich Heliumatomen, nachgewiesen werden; dabei wurde nur die Geschwindigkeit infolge Wärmebewegung (Größenordnung 10^5 cm/sec) benutzt und so die Wellenlänge der großen Masse ($= 7200$ mal Elek-

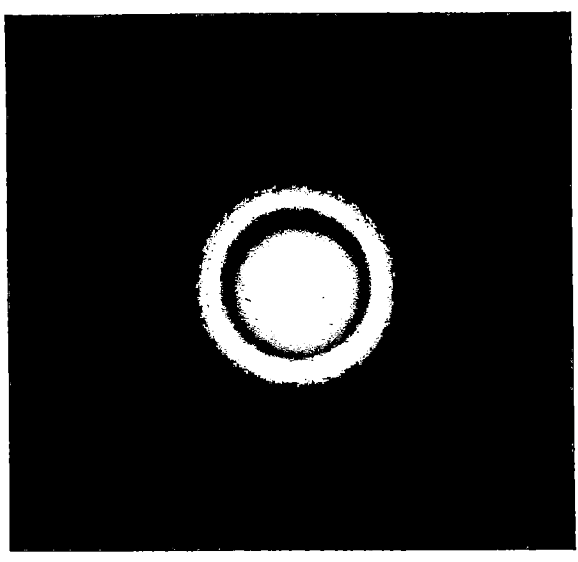

Abb. 51. Beugung von Elektronen (Felderscheinung). Goldschicht von 10^{-6} cm Dicke, von schnellen Elektronen durchleuchtet. (Aus Kirchner, Erg. exakt. Naturwiss. 11, 112.)

tronenmasse) im experimentell zugänglichen Bereich gehalten. Auch hier hat die formale, theoretische Betrachtungsweise die Hand des Experimentators geführt und eine Naturerscheinung von außerordentlicher Bedeutung entdeckt.

Somit ist für bewegte Korpuskeln derselbe *Dualismus* festgestellt wie für die Strahlungserscheinungen; hatten wir in früheren Kapiteln *Strahlung und Materie* als Feld- und Korpuskularerscheinungen voneinander trennen und als ganz verschiedene Teile des Naturgeschehens ansehen können, so erkennen wir sie jetzt als *gleichartig*, beide mit dem Charakter

der Feld- *und* Korpuskularerscheinungen behaftet. Die zwei
nebeneinander gesehenen Bilder Abb. 51 und 52, welche mit
denselben Teilchen, nämlich schnellen Elektronen, gewonnen
sind, zeigen einerseits die Teilchenbahn, auf welcher die ganze
Energiewirkung korpuskular konzentriert bleibt, andrerseits
das feldartige Auseinanderfließen, das Zusammenwirken von

Abb. 52. Korpuskulare Wirkung von Elektronen. Elektronen, Positronen
und Protonen, die beim Zerfall von Al entstehen, im Magnetfeld. Korpuskel-
bahnen. (Nach M e i t n e r - D e l b r ü c k, Aufbau der Atomkerne. Berlin:
Julius Springer.)

Erregungen, die verschiedene Wege durchlaufen haben, in
dem Interferenzbild.

Nie waren *alle Elementarvorgänge* in so umfassender Weise
als *gleichartig* erkannt, nie aber auch der *Elementarvorgang
selbst* so zwiespältig und unsrer *Anschauungsfähigkeit so unzugänglich* erschienen.

Wellenmechanik.

Die Anschauung der Materiewellen hat den großen Vorteil,
daß sie den Begriff der *stationären Zustände*, den wir als
ersten Grundgedanken der B o h r schen Atomtheorie (S. 97)

erwähnten, dem Verständnis näherbringt. Im Rutherford-
schen Modell des Wasserstoffatoms bewegt sich das Elektron
um den Kern (Proton) wie ein Planet um die Sonne; im
Bohrschen Modell wird diese Grundvorstellung festgehalten,
aber insofern eingeschränkt,
als nur ganz bestimmte Bahnen, die durch eine bestimmte
Beziehung zwischen Entfernung und Geschwindigkeit
ausgezeichnet sind, wirklich
auftreten. Beschränken wir
uns — wie es Bohr ursprünglich tat — auf kreisförmige
Bahnen, so hängen Entfer-
nung und Geschwindigkeit
zwangsläufig zusammen, und
es gibt nur *ganz bestimmte
Kreise*, auf welchen ein Elektron laufen kann (Abb. 53).
Dabei hängen Radius a und
Geschwindigkeit v des innersten Kreises nur von den universellen Konstanten ab; die
Radien der weiteren Kreise
wachsen wie die Quadrate der
ganzen Zahlen (n^2); die da-
zugehörigen Geschwindigkeiten nehmen umgekehrt pro-

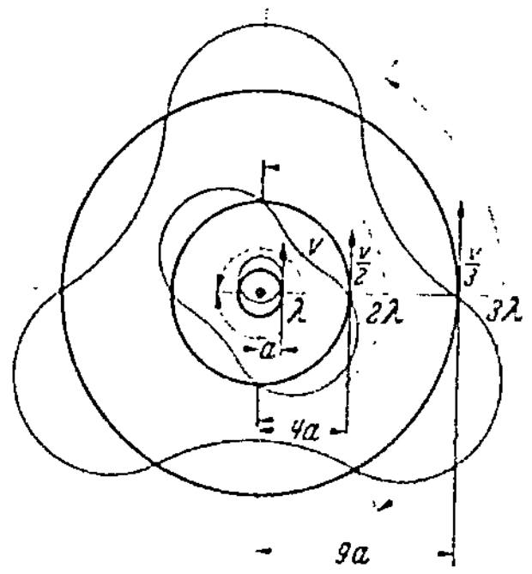

Abb. 53. Bohrsche Bahnen und
ihre Auffassung als Materiewellen.
Nach Bohr kann das Elektron nur
in ganz bestimmten „stationären
Bahnen" den Kern umlaufen; nach
de Broglie ist nur auf diesen Bahnen
die Länge der Materiewelle, welche
durch die Geschwindigkeit des Elektrons bestimmt ist, eine ganze Zahl
von Malen im Bahnumfang enthalten.
λ Umfang der innersten Bahn und
kleinste Wellenlänge nach de Broglie. a Halbmesser der innersten
Bahn $\left(= \dfrac{\lambda}{2\pi} \right)$, v Geschwindigkeit des
Elektrons auf der innersten Bahn.

portional zu den ganzen Zahlen ab $\left(\dfrac{1}{n} \right)$; dabei ist die Entfernung a, wie Bohr aus den S. 97 geschilderten Prinzipien
herleitet,

$$a = 0{,}53 \cdot 10^{-8} \text{ cm} .$$

Eine solche Einschränkung ist der Korpuskelmechanik ganz
fremd; in der Kepler-Newtonschen Astronomie ist dafür
kein Platz.

Ersetzt man aber nun das Elektron durch eine *Welle*, so kann
diese nur dann dauernd auf einem Kreise laufen, wenn ihre
Länge in dem Kreisumfang aufgeht, wenn also der Umfang

des Kreises ein Vielfaches der Wellenlänge (λ) ist. Die
de Brogliesche Wellenlänge ist nun auf der innersten Bahn
gerade gleich dem Umfang; da diese Wellenlänge umgekehrt
proportional der Geschwindigkeit ist, wächst sie nach außen
wie die ganzen Zahlen, ist daher gerade n-mal in der n-ten
Bahn enthalten ($n \cdot n = n^2$). Bei allen andern rein mechanisch
möglichen Bahnen ist nie der Umfang gleich einem ganzen
Vielfachen der Wellenlänge, daher ein ständiges unverändertes
Durchlaufen derselben Bahn für die Materiewelle unmöglich.
So führt also die de Brogliesche Theorie zu einem Ergebnis, das die Bohrschen *stationären Bahnen*, wenigstens in
ihrer einfachsten Erscheinungsform, *verständlich* macht.

Auf diese Grundgedanken hat Schrödinger (1926) die
„*Wellenmechanik*" aufgebaut, die an Stelle der alten Elek-
tronenmechanik die Bewegung eines Elektrons beherrscht. Um
ihr Grundgesetz zu finden, kombiniert Schrödinger in
eigenartiger Weise die alte Mechanik und die Feldtheorie der
Schwingungen. Es ist schwierig, den Gedankengang ohne
mathematische Form darzulegen; doch wird wohl auch der
Nichtmathematiker einen Begriff davon bekommen können:

Was unsrer oberflächlichen Betrachtung als strahlenför-
mige, geradlinige Fortpflanzung des Lichtes erscheint, beschreibt die Feldtheorie durch die sogenannte „*Schwingungsgleichung*", die aus der Maxwellschen Theorie folgt, aber
auch in andern Gebieten der Feldphysik auftritt; sie besagt:
Wenn man in irgendeinem Raumelement eine Feldgröße (z. B.
eine Komponente der elektrischen Feldstärke) in periodischem
Rhythmus mit beliebiger Schwingungszahl erregt, so teilt sich
diese Schwingung den Nachbarelementen mit, und zwar um so
schneller, je fester die Bindung der einzelnen Elemente aneinander infolge der Konstitution des feldtragenden Mediums ist.
So breiten sich Schwingungen im Luftraum, auf einer Mem-
bran, auf einer Saite usw. aus; die einzige für den speziellen
Fall charakteristische Naturkonstante, welche in das Naturgesetz eingeht, ist die *Fortpflanzungsgeschwindigkeit* der Erregung im Feld. Im einfachsten Fall der Lichtausbreitung im
leeren Raum ist die Fortpflanzungsgeschwindigkeit eine konstante Größe, und eine solche Wellenausbreitung mit konstan-

ter Geschwindigkeit entspricht einer geraden Bahn des Strahles. Die Geschwindigkeit — gemeint ist in diesem Falle die Phasengeschwindigkeit — muß aber nicht unbedingt eine Konstante sein; wenn z. B. der Lichtstrahl durch ein Medium läuft, das optisch nach unten zu immer dichter wird, so wird die Geschwindigkeit der Wellen immer kleiner; der Strahl wird immer stärker gebrochen und erscheint gekrümmt (Abb. 54).

Will man nun ein solches *Schwingungsgesetz für Materiewellen* aussprechen und sich nicht auf den Fall konstanter materieller Geschwindigkeit (v) beschränken, so kann man dasselbe Gesetz wie für Lichtwellen formulieren, muß aber die Phasengeschwindigkeit (w), welche in dem Wellengesetz auftritt, durch die Größen der materiellen Bewegung ausdrücken; als solche bieten sich die Energiegrößen dar.

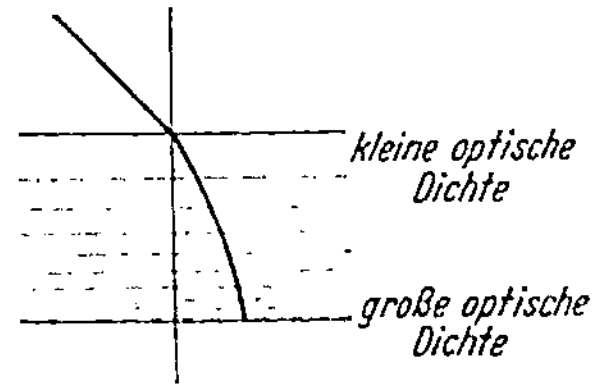

Abb. 54. Gekrümmter Lichtstrahl. Nimmt die optische Dichte des Mediums nach unten zu, so wird der von oben kommende Lichtstrahl immer stärker zum Lot gebrochen und erscheint gekrümmt.

S c h r ö d i n g e r benutzt zur Berechnung von w die Beziehung $w = \dfrac{c^2}{v}$ und berechnet v aus der Gleichung (s. S. 15):

„Kinetische Energie $\left(\dfrac{m\,v^2}{2}\right)$ plus potentielle Energie (nicht von v abhängig) gleich Gesamtenergie (eine konstante Größe)“.

Die Schwingungszahl ν bekommt dabei den Wert $\dfrac{m\,c^2}{h}$ wie oben [1]. Man erhält also ein *Gesetz der Wellenausbreitung*, in welchem anstatt der Wellen beschreibenden Größen ν und w *Größen* stehen, die uns nur aus der *Mechanik der Korpuskeln* bekannt sind. Es ist wesentlich, daß diese mechanischen Größen in ihrer Bedeutung und ihrem Zusammenhang aus der Korpuskulartheorie entnommen sind und als ganz fremde, aus andern Anschauungen stammende Elemente in die Wellen-

---

[1] Die Ableitung ist nur dann so einfach, wenn rein periodischer zeitlicher Verlauf, also von vorneherein eine bestimmte Schwingungszahl angenommen wird, und wenn die materielle Geschwindigkeit v weit unter der Lichtgeschwindigkeit bleibt.

theorie eingeführt werden. Damit ist der Gedanke, *Wellen und Korpuskeln in einem Gesetz* zu verbinden, vollkommen durchgeführt.

Die Spektrallinien in der Wellenmechanik.

In dieser Wellenmechanik kommen die Grundlagen der B o h r schen Atomtheorie in ein konsequentes einfaches System, gewinnen an Bestimmtheit und kommen in nahe, recht anschauliche Verwandtschaft zu altbekannten Begriffen der *Schwingungs- oder Wellenlehre* wie folgt:

Jedem System, das Schwingungen ausführen kann, ist ein gewisser Rhythmus von Schwingungen eigen, die es bei irgendeiner Erregung von selbst auszuführen sucht. So schwingt die Feder der Abb. 4, wenn sie angestoßen und dann sich selbst überlassen wird, in einem ganz bestimmten zeitlichen Rhythmus hin und her. So gibt eine angeschlagene Stimmgabel einen ganz bestimmten einzelnen Ton, d. h. sie schwingt mit einer nur von ihrem Bau abhängigen Schwingungszahl. Man nennt solche frei ausgeführten Schwingungen die „*Eigenschwingungen*" des Systems. Ein schwingungsfähiges System kann auch mehr als eine Eigenschwingung haben; als Beispiel diene eine Saite, die als Ganzes, in 2 Hälften usw. nach Abb. 55 schwingen kann; ihr Klang setzt sich aus Tönen, nämlich aus dem Grundton und den Obertönen, zusammen; jedem Ton entspricht eine Eigenschwingung. Die Schwingungszahl der Obertöne ist 2mal, 3mal usw. so groß als die des Grundtons. Die Physik der schwingungsfähigen Körpersysteme ist sehr ausgedehnt; die Eigenschwingungen der Turbinenwellen spielen in der Maschinentechnik eine hervorragende Rolle; die Eigenschwingungen abgestimmter Körper sind die Grundlage der Lehre vom Schall und von der Musik; die Eigenschwingungen des Systems Antenne mit Selbstinduktion und Kapazität regeln den Empfang im Rundfunk usw.

Durch die Auffassung, daß die Elektronenbewegung um den Kern aus Materiewellen besteht, deren Bewegungsgleichung als Wellengleichung formuliert ist, wird auch das Atom zu einem schwingungsfähigen System. Die Eigenschwingungen dieses Systems aufzusuchen, ist dieselbe mathematische Auf-

gabe, wie die Bestimmung des Grundtons und der Obertöne
bei einer gespannten Saite. Die beiden Abb. 53 und 55 werden
die Analogie wohl genügend deutlich machen. *Diese Eigenschwingungen stehen nun in der Wellenmechanik an Stelle
der stationären Zustände der alten B o h r schen Theorie;* ihre
Auffindung ist ein Problem, dessen Lösungsmethoden seit
einem Jahrhundert vorliegen. Durch diese Auffassung wird
zweifellos ein sehr anschaulicher und der Physik wohlvertrau-
ter Sinn mit den stationären Zuständen verbunden, die bis

dahin paradox und unver-
ständlich außerhalb des Rah-
mens der übrigen Physik
standen.

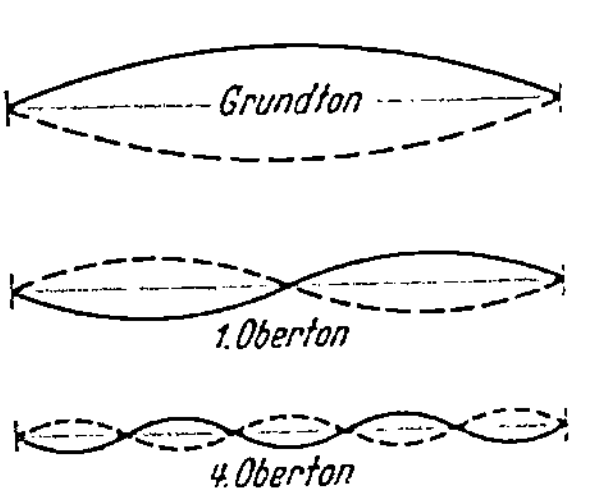

Abb. 55. Schwingungen einer Saite.
Je nachdem, ob die Saite als Ganzes,
in 2 Hälften usw. schwingt, gibt sie
den Grundton, 1. Oberton usw. Der
Klang der Saite setzt sich aus all
diesen Tönen zusammen.

Diese Eigenschwingungen
sind aber *nicht* etwa schon
die Spektrallinien; man hätte
ursprünglich wohl erwarten
können, daß die Spektrallinien
Eigenschwingungen des Atomes anzeigten; aber schon in
der B o h r schen Theorie tritt
die Spektrallinie nicht als die
Schwingung, die zu einer sta-
tionären Bahn gehört, auf, sondern sie entsteht erst beim Übergang des Elektrons von einer solchen Bahn auf die andere. Die
Schwingungszahl der Spektrallinie ist durch das Quantengesetz
verbunden mit der Energie*differenz* zweier Bahnen, erscheint
darum als Differenz zweier Ausdrücke, der sog. „*Terme*";
dies drückt auch nur eine der empirischen Spektroskopie lange
bekannte Tatsache aus (R i t z 's Kombinationsprinzip 1908).

Wenn nun 2 Eigenschwingungen des Atoms gleichzeitig
erregt sind und sich übereinander lagern, so entstehen sogenannte „*Schwebungen*", Schwingungen mit der Differenz
der Schwingungszahlen. Solche sind als Differenztöne in der
Radiotechnik sehr bekannt. Man kann sie aus der Abb. 56
leicht verstehen, wo zwei nicht sehr verschiedene Schwingungen übereinander gelagert sind, die sich schwächen oder verstärken, je nachdem die schnellere um eine halbe oder eine

ganze Schwingungsdauer der langsameren vorgeeilt ist. Man
erkennt den periodischen Vorgang des Schwächer- und
Wiederstärkerwerdens, der selbst als eine Schwingung erscheint. Die bekannte „Äthermusik" wird so erzeugt. Die
Schwingungszahl dieser *Schwebung* beim Zusammenwirken
zweier Eigenschwingungen des Atoms wird als *Spektrallinie* beobachtet.

Es kommt auch formal in der Wellenmechanik heraus,
daß eine Eigenschwingung keine Ausstrahlung hervorbringt,

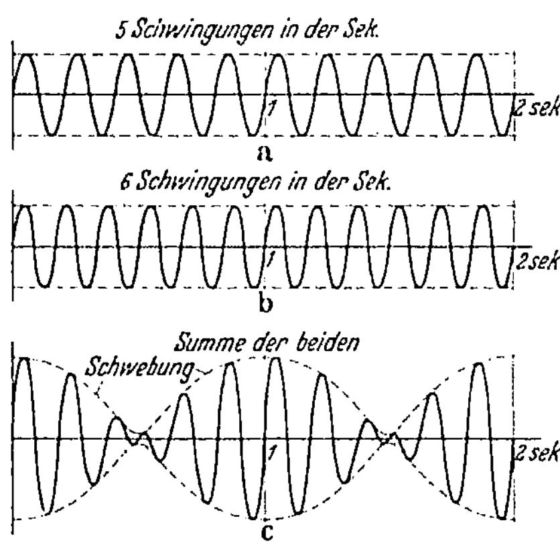

Abb. 56. Schwebung. Eine Schwingung von 5 in der Sekunde und eine
Schwingung von 6 in der Sekunde überlagern sich; die Schwebung schwingt
einmal in der Sekunde.

sondern daß dafür das Zusammenerklingen zweier Eigenschwingungen notwendig ist, doch scheint es nicht möglich, dies ohne Mathematik klarzumachen, da es sich um
einen rein formalen, nicht anschaulich-physikalischen Gedanken handelt. Die Feldgröße, welche in den Materiewellen
schwingt, ist ja zunächst noch etwas ganz Abstraktes, Symbolisches; sie wird nicht mit irgendeiner anderweitig bekannten
physikalischen Größe identifiziert, obwohl im Grenzfall verschwindender Ruhmasse gewisse Analogien zu den elektromagnetischen Feldkomponenten bestehen. Aber es werden
aus den einzelnen Feldgrößen der Materiewellen *durch Sum-
mierung über den ganzen wellendurchzogenen Raum* Aus-

drücke gebildet, die für die Stärke und Art (Polarisation)
der Ausstrahlung maßgebend sind. Hier ist der Weg heute
für den Nichtmathematiker zu Ende; es sei also nur das
Resultat angegeben:

Schrödinger gelangt zu einem eindeutigen und in allen
Fällen verwendbaren *Schema* der *Spektrallinien* in bezug auf
Schwingungszahl, Intensität und Polarisation, das sich vollkommen deckt mit dem auf anderem Weg gefundenen Schema
der *Quantenmechanik von Heisenberg* (1925). Die H e i s e n -
b e r g schen Gedankengänge gehen nicht den Weg über das
Problem Feld-Korpuskel, scheiden deshalb für unsere Darstellung aus; sie sind auch von vornherein auf einen schwierigen
Formalismus gegründet, der ohne die Sprache der Mathematik nicht zu erfassen ist. Es hat seinen guten Grund, daß
wir hier an eine solche Grenze der Darstellungsmöglichkeiten
gelangen, und von diesem Grund wird im letzten Kapitel noch
mehr zu sagen sein.

L e i s t u n g e n   d e r   W e l l e n m e c h a n i k.

Um die Bedeutung der Wellen- oder Quantenmechanik ins
rechte Licht zu stellen, sei hier nur kurz zusammengefaßt,
was diese Theorie leistet:

1. Das von der B o h r schen Theorie aufgeschlossene Gebiet der Spektroskopie, die Lehre von der Lage der *Spektrallinien,* ihrer Intensität und Polarisation, die Bedingungen
ihres Entstehens, ihre Beeinflussung durch elektrische und
magnetische Felder (S t a r k - und Z e e m a n n - Effekt) werden systematisch und ohne Zuhilfenahme halbempirischer
Zusatzhypothesen — wie sie im Laufe der Jahre beim Ausbau
der B o h r schen Theorie auftraten — zahlenmäßig vollständig
erfaßt. Was vor 1913 noch ganz unzugängliches Land war,
ist heute grundsätzlich — natürlich gibt es technische und
mathematische Schwierigkeiten — überblickbar. Dies Forschungsgebiet ist, so gut wie etwa die Mechanik der materiellen Punkte in der N e w t o n schen Theorie, durch ein Grundgesetz erfaßt, in das man nur den durch den speziellen Fall
geforderten Ausdruck für die Energie einzusetzen hat, um

zu den experimentell nachprüfbaren Erscheinungen zu gelangen.

2. Eine Einschränkung zu dieser Aussage muß hinsichtlich solcher Vorgänge gemacht werden, bei welchen Elektronenbewegungen von *hoher*, d. i. der Lichtgeschwindigkeit nahekommender *Geschwindigkeit* auftreten, bei welchen infolgedessen die *Relativitätstheorie* in die mathematische Berechnung hineinspielt. Diese Erscheinungen haben einen sehr schwierigen Ausbau der Theorie nötig gemacht, den D i r a c (1928) gegeben hat. Davon ist für uns nur zweierlei wichtig zu erwähnen:

a) Die Feldtheorie der Materie wird insoweit der elektromagnetischen Feldtheorie noch verwandter, als auch die materielle Feldgröße mehrere Komponenten bekommt, also nicht nur durch eine einzige Zahl angegeben wird, wie ursprünglich bei S c h r ö d i n g e r; die Feldgleichungen werden den M a x - w e l l schen Gleichungen ähnlich (wenn auch viel komplizierter), so wie die S c h r ö d i n g e r sche der gewöhnlichen Schwingungsgleichung ähnlich ist.

b) In dieser Theorie ist das *Elektron* nicht mehr nur eine elektrische Ladung, sondern hat auch eine atomistische *magnetische* Struktur.

3. Schon in der alten B o h r schen Theorie kam eine überraschende Klarheit in das *System der chemischen Elemente;* die Periodizität, die Größe der Perioden[1] und die Durchbrechungen der einfachen Aufeinanderfolge in den chemischen Eigenschaften wurden verstanden. Auch auf die *chemischen Bindungen* fiel einiges Licht, jedoch nur auf die sog. heteropolaren Bindungen, wie die Salze, z. B. *Na—Cl;* die homöopolaren Bindungen, wie etwa *H—H*, blieben unverständlich. Die Wellenmechanik hat auch dies Problem grundsätzlich gelöst und Anschluß an die alten Vorstellungen der räumlich gerichteten chemischen *Valenz* gefunden.

4. Die Wellenmechanik gibt die erste quantitative Theorie des radioaktiven Zerfalls und dient als Wegweiser in dem neu betretenen und in den letzten Jahren besonders fruchtbaren Forschungsgebiet der *Kernphysik.*

---

[1] Siehe W u l f, Bausteine der Körperwelt.

Keine Zurückführung von Korpuskel auf Feld.

Dieses Gebäude einer fruchtbaren und umfassenden Theorie, welche gerade bei den tiefsten Problemen der Physik seine Anwendung findet, mag nun nach unsrer Darstellung hervorgewachsen scheinen aus einer Zurückführung der korpuskularen Eigenschaften auf Felder und somit aus der Auflösung des Korpuskelbegriffes zugunsten einer Feldauffassung auch im Bereich der Materie. In der Tat ist dies der ursprüngliche Gedankengang von de Broglie und Schrödinger gewesen, doch bei der weiteren Durchführung und Vertiefung der Theorie mußte dieser Ausgangspunkt immer mehr zurücktreten, und schließlich gelangte man zu dem Ergebnis, daß die Theorie gerade zur Überwindung des *Feld-Korpuskel-Gegensatzes nicht ausreichen* könne. Dem entspricht es auch, daß die ganze Theorie auch von Heisenberg unabhängig von allen um dieses Problem kreisenden Vorstellungen aufgebaut worden ist.

Gegen die einfache, von uns S. 126 betrachtete Anschauung, welche das Korpuskelbild vollkommen beiseite zu schieben scheint, läßt sich folgendes einwenden: Auch die Erkenntnis der Wellennatur des Lichtes führt heute nicht mehr — wie es zu Fresnels Zeiten wohl der Fall war — zu einer vollen Begründung der Optik durch die Feld- oder Wellenauffassung; vielmehr stehen die im vierten Kapitel betrachteten Korpuskulareigenschaften in schroffem Widerspruch zu dieser Auffassung. So kann auch die Erkenntnis der Feldnatur jeder Materie wohl die Interferenzerscheinungen erfassen; aber die korpuskulare Konzentration, die sich etwa in den Bahnlinien der Abb. 52 nach der Wilsonschen Methode kund tut, bleibt ganz ungeklärt. Die Materie würde auseinanderfließen, wenn sie nur den Feldgesetzen gehorchen würde; sie würde sich über immer weitere Räume ausbreiten, genau wie es das Licht einer Laterne tut, und wie es jedes Lichtelement tun müßte, wenn die Feldtheorie auf den Elementarprozeß anwendbar wäre. Auch bei der Materie würde die konzentrierte Übertragung von Energie und Bewegungsgröße, wie sie etwa beim Stoß von Elektronen gegen die Antikathode oder in den S. 106 erwähnten Stoßversuchen von Franck und Hertz betrachtet wird, und wie sie (s. S. 15) mit dem Korpuskelbild innig zusammenhängt, aus dem Feldbild nicht begreiflich sein.

Jede direkte, anschauliche Verbindung zwischen einer materiellen Bewegung und den Wellen nach de Broglie-Schrödinger hört zudem auf, wenn es sich um die Bewegung *mehrerer Körper*, also etwa um die 2 Elektronen im Heliumatom oder im Wasserstoffmolekül handelt. Dann geht nämlich die Berechnung so vor sich, daß man für jedes der beiden Elektronen einen besonderen Raum einführen muß, also im Ganzen $2 \times 3 = 6$ Dimensionen hat. Das bedeutet aber, daß der Raum, in welchem die Materiewellen sich ausbreiten, ein rein symbolischer, mathematischer ist, dessen Identifikation mit dem realen Raum der materiellen Bewegung keinen Sinn mehr hat. Nur in dem besonderen Fall der Bewegung eines einzigen Massenteilchens hat man die Möglichkeit — und besteht somit die Versuchung —, diesen Rechenraum anschaulich als *den* Raum, in welchem Feldschwingungen *und* materielle Bewegung vor sich gehen, anzusehen. Doch bleibt es auch in diesem Falle schwierig und unklar, wie die Schrödingersche Feldgröße in den gleichen Raum eingeordnet werden kann mit den bei der Strahlung auftretenden elektromagnetischen Feldgrößen. Nur für das Lichtquant kann man die Maxwellschen Gleichungen der Elektromagnetik als identisch mit der Schrödingerschen Gleichung der Wellenmechanik ansetzen und dadurch letztere mühelos in den gewöhnlichen „Raum" verlegen.

Somit kommen wir auch für die Materie zu einem für die Anschauung nicht erfaßbaren *Dualismus Feld-Korpuskel*, der ganz und gar demselben Dualismus bei den Strahlungsvorgängen entspricht; der Unterschied liegt nur in der größeren Kompliziertheit (auch mehrere Dimensionen!), der nicht verschwindenden Ruhmasse und der Verschiedenheit zwischen der materiellen Geschwindigkeit und der Ausbreitungsgeschwindigkeit des Feldes.

Der Versuch, den Dualismus Feld-Korpuskel aufzulösen, hat also als Resultate ergeben:

1. die Erkenntnis, daß der Dualismus ganz allgemein ist, bei jedem Elementarprozeß auftritt und für die *Anschauung* unauflösbar bleibt;

2. ein symbolisches *Schema*, das aus Feld- und Korpuskulargrößen in unanschaulicher, aber rein formal gerechtfertigter Mischung aufgebaut ist, und das die Erscheinungen der Atomwelt richtig darstellt und zur Berechnung der atomaren Vorgänge dienen kann.

S e c h s t e s   K a p i t e l.

Feld-Korpuskel-Einheit.

Ü b e r b l i c k.

Wir haben nun einen weiten Weg durch viele Gebiete physikalischer Forschung zurückgelegt und neben den Erfahrungen, die aus Beobachtung und verfeinerter Meßkunst gewonnen sind, eine Fülle neuer Kenntnisse betrachten können, zu denen theoretische Gedankengänge hingeführt haben. Sind wir aber zur Klarheit gekommen? Haben wir ein physikalisches Weltbild gewonnen? Können wir die physikalische Natur so beschreiben, daß wir sie zu verstehen glauben?

Zwei Bilder nur sind es, durch welche der menschliche Verstand sich die anorganischen Naturvorgänge klarzumachen sucht, das durch die unmittelbare Anschauung lebendige Bild einer korpuskularen Bewegung und das Bild des Feldes, das, ursprünglich auf korpuskularer Grundlage erwachsen, unabhängig von mechanischen Vorstellungen weite Gebiete darzustellen vermag und sich neben korpuskularen Vorstellungen — und zeitweise sogar über solche hinaus — eine besondere Bedeutung als Verständnismittel erringt. Keines der beiden Bilder kann die ganze physikalische Welt befriedigend erfassen; jedes ist in verschiedenen Teilen der Physik unentbehrlich. Eine Vereinigung beider Bilder zu einer Gesamtanschauung, welche die Materie ganz durch die feldtragende elektrische Ladung von atomistischer Konstitution ersetzt, kann nur kurze Zeit einen vollen Erfolg vortäuschen

und versagt vor den Tatsachen, die durch die Entdeckung
der Quanten ans Licht gebracht werden. Die neue Welt des
Mikrokosmos, der atomaren und inneratomaren Vorgänge,
welche durch Elektronen- und Quantenbegriffe erschlossen
wird, ist reich wie ein Zauberwald; aber das Dunkel wird
beim Wachsen der Tatsachenkenntnisse immer geheimnis-
voller; der Zauber wird nicht „natürlich" erklärt.

Und schließlich finden wir eine große Einheit und Ein-
förmigkeit in den Erscheinungen, die als elementar, nicht
weiter zurückführbar, angesprochen werden müssen: Wo erst
Korpuskeln gefunden waren, da zeigen sich Feldeigenschaften; wo erst ein reines Feld erschienen war, da treten
unabweisbar korpuskulare Vorgänge hinzu. *Es gibt keinen
Elementarprozeß, der nicht Feld und Korpuskel vereint;* es
gibt kein Feld allein, keine Korpuskel allein; der elemen-
tarste Vorgang der Natur ist Feld und Korpuskel in einem.
Aufgabe der physikalischen Forschung ist es nun, diese *Einheit zu verstehen.* Unsrer *Anschauung* kann dies nicht ge-
lingen; ihr bleiben Feldvorgänge und korpuskulare Vorgänge
ewig verschieden und unvereinbar. Ein *mathematisches
Schema* allein bindet die unvollständigen Bilder aneinander.

Mephisto war ganz im Irrtum: Das „geistige Band fehlt"
nicht; aber haben wir die „Teile noch in der Hand"?

Widerspruch in den Versuchen.

Einwandfreie, nach jeder Richtung hin kontrollierte und
erweiterte Versuche führen zu tiefen und scheinbar unauf-
löslichen Widersprüchen. Einerseits: Licht zeigt Interferenzen, es muß eine Wellenerscheinung sein; andererseits: Licht
setzt sich in Quanten um, Energie und Bewegungsgröße verhalten sich korpuskular. Beides ist unbestreitbar, beide Folgerungen sind nicht etwa aus verstiegenen Theorien gezogen;
die Versuche selbst, die *Erfahrungstatsachen sind es, die den
Widerspruch enthalten.*

Es ist nicht das erstemal, daß die physikalische Forschung
vor einem solchen Widerspruch der Tatsachen untereinander
steht; die *Relativitätstheorie* ist einer ganz ähnlichen Situation
entsprungen: einerseits zeigen die Versuche Unabhängigkeit

der Lichtgeschwindigkeit vom Bewegungszustand des aussendenden Körpers und des Ausbreitungsmediums, andererseits scheint von der bewegten Erde aus die Lichtgeschwindigkeit nach allen Richtungen dieselbe. Diese Sachlage, diese Grenze, welche dem forschenden Geist durch die Tatsachen der Natur gesteckt scheint, ist wohl einer der wichtigsten Züge der Geistesgeschichte in unseren Tagen. Die Physik erreicht einen Punkt, wo die menschliche Vorstellungskraft vor den Tatsachen der Natur zu versagen scheint; und die große Leistung der modernen theoretischen Physik ist es, diese Schwierigkeit zu meistern durch Anpassung des Menschengeistes an die Natur. *Denkgewohnheiten, die fälschlich für Denknotwendigkeiten genommen worden sind,* können abgestreift werden; über die Anschauung hinaus werden Erkenntnisse gewonnen. Beherrschen und Vorhersagen des Ablaufs von Vorgängen bleibt möglich, auch wo die Sinne versagen und wo die sinnlich greifbaren Begriffe ihre bildende und darstellende Kraft verlieren.

Vielleicht war die Situation der *Maxwellschen Theorie* vor einem halben Jahrhundert schon nicht wesentlich anders; standen sich doch damals in den mechanischen Vorstellungen, die man sich vom Äther bilden mußte, Eigenschaften gegenüber, die sich gegenseitig auszuschließen schienen (s. S. 62). Erst die kühne Abstraktion, die jedes mechanische Bild ablehnte und dem Äther einen rein elektromagnetischen Charakter gab, half der Forschung über die Schwierigkeit hinweg. Der forschende Geist mußte sich *anpassen*; er mußte ein Bild formen, das kein mechanisches Bild mehr war, das alle bisher für notwendig gehaltenen Anforderungen an eine Verständnis vermittelnde Vorstellung nicht erfüllte. Uns Heutigen erscheint das nicht mehr so unmöglich; wohl kaum ein junger Forscher wird der Meinung sein, er „verstehe" die Vorgänge im leeren Raum nicht, weil man ihm zu deren Verständnis nur die M a x w e l l schen Gesetze und nicht ein mechanisches Bild des Äthers vor Augen führt. Und doch hat kein geringerer als der alte Lord K e l v i n noch im Jahre 1884 in den Baltimore-Lectures gesagt (und bei der Herausgabe 1904 bestätigt), er würde „gern von der elektromagne-

tischen Lichttheorie sprechen, wenn er sich etwas darunter
denken könne".

Die Schwierigkeiten für die Relativitätstheorie sind noch
größer; sie scheinen zu Paradoxen zu führen und werden von
manchem ernsten Forscher nicht überwunden. Die absolute
Gültigkeit der Raum-Zeitmaße und der geometrischen Gesetze fällt dahin, wenn wir den Widerspruch in den Tatsachen überbrücken wollen. Das Paradoxe wird auch hier —
wie im Falle der Maxwellschen Theorie — nur durch die
Versuche, nicht durch die Theorie hereingetragen. Solange
man an den grundlegenden Versuchen nicht zweifelt, solange
gibt es nur den einen Weg, den Widerspruch aus den *Gedanken* zu beseitigen; was die Theorie leistet, ist die Entfernung eines Vorurteils, einer Denkgewohnheit aus den Gedankengängen, wodurch der Widerspruch als ein scheinbarer
erkannt wird. Durch die Grundtatsachen der Elektrizitäts-
lehre fiel in der Maxwellschen Theorie die Denkgewohnheit
des mechanischen Ätherbildes; durch die Versuche über den
Bewegungszustand des Äthers fiel in der Relativitätstheorie
der gewohnte Begriff des absoluten Raum- und Zeitmaßes.
Was fällt nun durch die Versuche über Feld- und Kor-
puskelcharakter der Elementarprozesse in der Quantentheorie?

Raum-Zeit und Kausalität.

Wir müssen, um die Frage beantworten zu können, das
Schema betrachten, das die Naturgesetze der Quantentheorie
enthält, und uns klarmachen, wie es gewonnen ist; daß sein
Inhalt einer unmathematischen Darstellung nicht erfaßbar
ist, wurde oben schon hervorgehoben; trotzdem ist wohl vor-
stellbar, welche bisher selbstverständlichen Elemente darin
nicht enthalten sind. Jede Formulierung neuer Naturgesetze,
so selbstverständlich sie nur auf Erfahrung und Versuch
gegründet sein kann, muß Elemente enthalten, die nicht
der Erfahrung entstammen; denn jedes neue Naturgesetz
muß die Erfahrung extrapolieren, muß die Tragweite der
Versuche mit gewisser Willkür festsetzen, muß *Formelemente*
einführen, die vom Einzelfall des Versuchs zur Allgemein-

gültigkeit des Gesetzes hinüberleiten. So hat z. B. Maxwell durch den Begriff des Verschiebungsstromes (s. S. 71) nur auf Grund eines Symmetriegefühls die Erfahrungstatsachen zu allgemein gültigen Naturgesetzen erweitert; so hat Einstein, nur geleitet vom Prinzip der Invarianz — d. i. der Erkenntnis, daß die Naturgesetze nicht vom Bewegungszustand des Beobachters abhängen können —, seine Grundgleichungen der Gravitationstheorie auf den schon Newton bekannten Erfahrungen aufgebaut[1]. Ganz entsprechend diesen alten Gedankengängen sind auch die Gesetze der Quantentheorie gefunden worden, indem die Erfahrungsergebnisse formal zusammengebunden wurden; wir verfolgten oben, soweit dies möglich schien, den Aufbau der Wellenmechanik durch Mischung von Begriffen des Feldbildes und des Korpuskelbildes; beide Bilder, die sich für unsre Anschauung schroff gegenüberstehen, werden in einem *formalen Schema* widerspruchslos vereinigt. Heisenberg ist schon vor Schrödinger zu demselben Schema durch einen noch formaleren Gedanken gekommen: er ging von den 3 Prinzipien Bohrs (s. S. 97) aus und fand diejenigen Rechenregeln, die allgemein diese Prinzipien erfüllen.

In einem Punkte aber unterscheiden sich nun die Gesetze der Quantentheorie von allen bisherigen grundsätzlich: *sie sind nicht mehr deutbar als Beziehungen in Raum und Zeit.* Alle Naturgesetze, die vor 1925 formuliert worden sind, beschreiben den Verlauf irgendwelcher Größen in Raum und Zeit; wenn etwa die für einen Naturvorgang maßgebenden physikalischen Größen zu einer bestimmten Zeit im ganzen Raum gegeben sind, so verändern sie sich in allen Raumteilen während der weiteren Zeit in gesetzmäßiger, berechenbarer Weise; oder wenn gewisse Naturgrößen in ihrer Lage in Raum und Zeit gegeben sind (z. B. die Massen der Körper), so lassen sich andere Größen (die Kräfte, welche die Massen aufeinander ausüben) nach dem Naturgesetz (dem Gravitationsgesetz) berechnen. Die Naturgrößen hängen zwangsläufig voneinander ab; jede Ursache hat ihre Wirkung; das *Kausalgesetz verbindet die raumzeitlichen Vor-*

---

[1] Siehe Relativitätstheorie (Verst. Wissensch. Bd. 14).

gänge. Jedes physikalische Gesetz hatte bisher diese Form; immer handelte es sich um Vorgänge in Raum und Zeit, die kausal bedingt und geregelt waren. Auch die Aufhebung absoluter Maßstäbe und absoluter geometrischer Sätze in der Relativitätstheorie hat daran nichts geändert; denn die strenge Kausalität, die absolute Abhängigkeit der Naturgrößen voneinander in Raum und Zeit bleibt unverrückt.

Anders die Gesetze der Quantentheorie, die wir darum zunächst nur als ein „*Schema*" bezeichnet haben, da sich mit dem Wort „Gesetz" zu leicht raum-zeitlich-kausale Begriffe verbinden. Auch in der Quantentheorie wird von Raum und Zeit, von Strecken und Zeitdauern, in welchen die Naturgrößen gemessen werden, *ausgegangen;* es gibt ja keine andern Messungen, also auch keine andern quantitativ verwendbaren Erfahrungen, als raumzeitliche. Aber bei der *formalen Erweiterung,* die diese Erfahrungen im mathematischen Schema erfahren haben, *verlieren die Begriffe Raum und Zeit ihren einfachen Sinn;* an Stelle von räumlichen Entfernungen und Zeitdauern treten Begriffe, die sich nicht mehr als raumzeitliche Distanzen deuten lassen. Wir verfolgten oben S c h r ö d i n g e r s Gedankengang; einerseits wird dabei das Elektron als Welle, die den ganzen Raum durchzieht, aufgefaßt, andrerseits als konzentrierte Korpuskel, der eine bestimmte potentielle, also von der Lage abhängige Energie zugeschrieben wird. Ferner hört jede Möglichkeit der Einordnung von Größen des S c h r ö d i n g e r schen Schemas in die gewöhnlichen Raum-Zeitbegriffe auf, wenn es sich um *mehrere Elektronen* handelt, da in diesem Falle das Schema für jedes Elektron einen besonderen Raum enthält.

Die Gesetze der Quantentheorie sind also im höchsten Maße *unanschaulich;* sie sind nicht in einer Form gegeben wie alle anderen Naturgesetze; sie verbinden nicht kausal bestimmte Naturgrößen in Raum und Zeit. Sie geben aber trotzdem eine eindeutige und strenge Vorschrift, um die aus der Atomwelt kommenden Äußerungen quantitativ darzustellen und somit vorher berechnen zu können. Was uns die Erfahrung vom Atom vermittelt, alle Prozesse der Strahlung, des Energieaustauschs, der Verbindung von Atomen

kann das Schema darstellen; es kann also den ganzen Inhalt
unserer derzeitigen Erfahrungen aussprechen und uns in
weite, unerschlossene Gebiete hineinführen. Aber die Form,
in der dieser Teil der Naturerkenntnis sich darbietet, ist für
unsere an Raum, Zeit und Kausalität gebundene Anschauung
unverständlich, ja für unsere an dieselben Kategorien gebundene Sprache unzugänglich.

Vom „Verstehen".

Die Fähigkeit des Menschen, *Ausssagen* in der formalen
Sprache der Mathematik zu machen, mit Symbolen zu arbeiten, geht über seine Anschauungsfähigkeit hinaus; der
Mensch hat *Ausdrucksmittel* für nicht raumzeitlich-kau-
sale Beziehungen; aber er hat keine Möglichkeit anderer
Deutung als die Sprache und die Anschauung. Wie kann er
nun die neu erkannten Zusammenhänge der Naturgrößen, die
über ein seiner Anschauung unzugängliches Gebiet laufen,
sich ausdeuten, seinem „Verständnis" näherbringen?

Das Wort „Verstehen" hat eine recht wandelbare Bedeutung für den Menschen. Wir verstehen im täglichen Leben
gar viel nicht, z. B. am Benehmen und den Ansichten unserer Mitmenschen oder an Werken der Literatur und Kunst,
und zwar „verstehen wir nicht" manchmal mit Resignation,
manchmal mit Verachtung. Und eines Tages, nach neuen Er-
lebnissen, nach neuen Eindrücken, verstehen wir sehr gut
und von Grund auf das, was dereinst das Unverständlichste
war. Nicht ganz so subjektiv können wir den Ergebnissen
der Wissenschaft gegenübertreten; aber auch da wird uns
bei wachsender Anpassung unsres Denkens an die Forderungen der Natur viel verständlich, was anfangs sich jedem Verstehen zu entziehen schien. Schon sind uns Heutigen Natur-
erkenntnisse geläufig, die noch vor wenigen Jahrzehnten der
Anschauung und somit dem Verständnis unerreichbar schienen; schon tasten wir uns vor auf dem Weg zur Klarheit und
zum Verstehen in der Atomwelt.

Eine Erkenntnis allerdings muß vorausgehen: Die Zusammenhänge in der Welt der Atome — im Mikrokosmos —
sind nicht raumzeitlich; die Kausalität, soweit wir darunter

die zwangläufige, rechnerisch erfaßbare Verknüpfung unter
den Naturgrößen (Energie, Bewegungsgröße) verstehen, bleibt
gewahrt, aber nicht in raumzeitlichem Ablauf. Die Anwendung unserer — im Menschengeist vorgebildeten oder an der
Erfahrung gewonnenen — Raum-Zeitbegriffe auf den Mikrokosmos ist unmöglich.

<h2 style="text-align:center">Notwendige
Unbestimmtheit der Beobachtungen.</h2>

Wenn wir nun aber einen Vorgang beobachten, wenn wir
messen, dann ordnen wir in Raum und Zeit ein; eine andere
Ordnung kennen wir nicht. Ob wir Lage oder Geschwindigkeit, Zeitdauer oder Energie eines kleinsten Teilchens messen,
immer sind es räumliche oder zeitliche Distanzen, welche
wir feststellen und aus denen wir auf den Vorgang schließen.
Wir *ordnen* also die *mikrokosmischen* Vorgänge, die jenseits
von Raum und Zeit verlaufen, in das ihnen *nicht gemäße
Raum-Zeitsystem* ein; dadurch zerstören wir den mikrokosmischen Zusammenhang und finden die kausale Verknüpfung nicht.

Dies klingt zunächst geheimnisvoll; doch läßt sich der
hier auftretende Gegensatz nach Heisenberg (1927) an den
einfachsten Beobachtungen nachweisen. Man muß sich nur
bei diesen Betrachtungen vor Augen halten, daß es sich um
Elementarprozesse handelt, also um Vorgänge, an denen nur
ein oder zwei Elektronen oder Lichtquanten oder sonstige kleinste
Bausteine der Körperwelt beteiligt sind. Alle Versuche und Beobachtungen unseres täglichen Lebens und der weiten Wissenschaft der sinnlich gegebenen Welt haben es nur mit Komplexen
aus ungeheuer viel Atomen, Elektronen usw., mit Feldern aus
ungeheuer viel Lichtquanten zu tun. Dies wäre kein Unterschied gegenüber den Elementarprozessen, wenn man alle
Naturvorgänge ins Beliebige unterteilen könnte, wenn man die
Wirkungen, die etwa zum Zweck der Beobachtung auf das
beobachtete System ausgeübt werden, *beliebig* verkleinern
könnte. Es ist aber gerade die wesentlichste Aussage der
Quantentheorie, daß ein solches *Herabsetzen von Wirkungen
grundsätzlich nicht denkbar* ist, daß vielmehr alle Ele-

mentarprozesse durch die universelle Plancksche Konstante h bestimmt sind.

Wenn wir innerhalb unsrer sinnlichen Wahrnehmung eine Länge oder eine Geschwindigkeit messen, etwa die Bewegung eines Planeten verfolgen, so registrieren wir Licht, das von dem Planeten auf unser Meßinstrument fällt. Dieses Licht bildet ein Feld von Wellen und zeigt Interferenzen und Beugungserscheinungen; es zeigt also genau gesprochen keinen bestimmten Ort an; aber diese Ungenauigkeit kommt praktisch gar nicht in Frage; das Licht verhält sich dabei wie in der gewöhnlichen Strahltheorie, da die Lichtwellenlänge ja außerordentlich klein ist gegenüber dem Objekt. Weiterhin muß doch der Planet einen Druck von dem Licht erfahren; er verwandelt ja die Bewegungsgröße des einfallenden Sonnenlichtes durch Reflexion in Bewegungsgröße anderer Richtung, er muß also einen Rückstoß erfahren und aus seiner Bahn abgelenkt werden. Wir verlachen natürlich auch diesen Einwand; denn die Einwirkung liegt ja weit unter der Grenze der Beobachtungsgenauigkeit.

Anders aber, wenn wir nun ein *Elektron* etwa bei seiner Bahn um den Atomkern messend verfolgen wollen. Wir dürfen natürlich nicht mit gewöhnlichem Licht beleuchten; denn wenn wir das Elektron sehen wollen, muß es einen Schatten werfen; es muß die Beleuchtung irgendwie scharf unterbrechen. Nun wissen wir ja nach den Erfahrungen (S. 62), daß Wellen nur dann eine scharfe Abbildung eines Objektes bewerkstelligen, wenn ihre Länge außerordentlich klein gegen die Abmessungen des Objektes ist; sonst bildet sich ein Feld aus, dessen kontinuierlicher Verlauf jede scharfe Begrenzung verschmiert und eine scharfe Ortsbestimmung unmöglich macht. Wir entnehmen also unsern Erkenntnissen über die *Feldnatur* der Strahlung die Vorschrift: *jede Ortsmessung bei einem Körper im Strahlungsfeld ist mit einer Unsicherheit behaftet, die um so kleiner wird, je kurzwelliger die Strahlung ist* (je größer also die Schwingungszahl der Strahlung ist).

Andrerseits kann aber kein Körper beobachtet werden, der nicht irgendwie mit der Strahlung in *Wechselwirkung* tritt; unser Schatten werfendes Elektron muß Licht verschlucken

oder zurückwerfen; es muß mit mindestens einem Lichtquant
zusammenstoßen. Ein solcher Zusammenstoß ist aber unmöglich ohne Rückwirkung auf die Energie und somit auf die
Geschwindigkeit des Elektrons. Das um den Kern laufende
Elektron erfährt entweder gar keine Wirkung — dann kann man
es auch gar nicht beobachten —, oder es wird durch die auf-
genommene Strahlung in eine andere stationäre Bahn geworfen
bzw. ganz aus dem Atomverband entfernt. Die zur Beobachtung
notwendige Wirkung mindestens eines Lichtquantes verändert
den physikalischen Zustand, der durch Energie und Bewegungsgröße ausgedrückt ist, vollständig. Wir schließen aus unserer
Erkenntnis der *korpuskularen* Natur aller Wechselwirkung
zwischen Materie und Strahlung: *jede Messung der Geschwindigkeit, Energie oder Bewegungsgröße ist mit einem Fehler
behaftet, der von der Wirkung der Strahlung auf die Materie herrührt und um so kleiner wird, je langwelliger die
Strahlung ist*, entsprechend der kleineren Energie $h\nu$ bei kleinerer Schwingungszahl ν.

Heisenbergs Unbestimmtheitsrelation.

Wir finden also hier das alte Spiel von Scylla und Cha-
rybdis wieder: Entweder wir verwenden kurzwellige Strahlung; dann können wir den Ort (oder den zu einer bestimmten
Stelle gehörigen Zeitpunkt) genau bestimmen; dann kommt
aber eine große Unsicherheit in die Messung der zu dieser
Ortsbestimmung gehörigen Geschwindigkeit oder Energie; ja
die letztere Bestimmung kann völlig illusorisch werden, wenn
die Strahlung aus Rücksicht auf die Ortsmessung allzu kurz-
wellig wird. Oder wir verwenden so langwellige Strahlung,
daß die Beeinflussung der Energie usw. vernachlässigt werden kann; dann kommt ein so großer Fehler in die Ortsbestimmung, daß jede Lokalisation sinnlos wird.

Wir finden hier einen Zwiespalt, der tief in die Erkenntnis-
möglichkeiten der Naturwissenschaft hineinleuchtet und keineswegs an zufällige Verhältnisse des gewählten Beispiels gebunden ist. Die Einschränkung der Ortsmessungen liegt an *grundsätzlichen* Eigenschaften des Wellenfeldes, die Einschränkung
der Energiemessungen an *grundsätzlichen* Eigenschaften

der Korpuskeln. Da alle Elementarprozesse die Doppelnatur Feld und Materie aufweisen, gibt es keine Möglichkeit, beide Einschränkungen zu vermeiden. Man kann Meßmechanismen verschiedenster Art ersinnen; der Zwiespalt ist nicht zu umgehen; immer werden die Ortsmessungen durch die Rücksicht auf die energetischen Messungen unklar gemacht und umgekehrt. Heisenberg und Bohr haben viele Einzelfälle diskutiert; nie kann ein anderes Ergebnis zutage kommen, als an unserem einfachsten Beispiel.

Heisenberg hat diese naturnotwendige Unbestimmtheit als grundlegendes Prinzip der Quantentheorie und als Grund ihrer Unanschaulichkeit erkannt und dabei die Bedeutung der Planckschen Konstante h ins rechte Licht gestellt: Die Wellenlänge einer Strahlung ist in der nun schon oft verwendeten Bezeichnung gleich $\frac{c}{v}$; dieser Wellenlänge entspricht die Ungenauigkeit Δq jeder Längenmessung; wir schreiben $\Delta q \backsim \frac{c}{v}$ und meinen mit dem Zeichen $\backsim$, daß die beiden dadurch verglichenen Größen nicht gerade einander gleich, aber doch ungefähr gleich oder, wie der Physiker sagt, von der gleichen Größenordnung sein sollen. Die Ungenauigkeit Δp der Bewegungsgröße bei einer solchen Messung ist nun von der Größenordnung der Bewegungsgröße, die durch Zusammenstoß mit einem Lichtquant übertragen wird, also $\Delta p \backsim \frac{hv}{c}$. Aus den beiden Beziehungen folgt die *Heisenbergsche Ungenauigkeitsrelation*

$$\Delta q \cdot \Delta p \backsim h;$$

diese Gleichung spricht die gegenseitige Begrenzung aus, welche die Lokalisationsbeobachtung und die Beobachtung der Bewegungsgröße einander setzen. Kleine Ungenauigkeit in der Lokalisation bedeutet große Ungenauigkeit in der Messung der Bewegungsgröße; absolute Sicherheit der Lokalisation ($\Delta q = 0$) würde den Begriff der Bewegungsgröße vollkommen verschwimmen lassen ($\Delta p = \infty$).

Die Erhebung der Ungenauigkeitsrelation zum allgemeinen Prinzip gibt der Quantentheorie eine Grundlage, wie etwa das Prinzip, daß es keine andere *universelle* Geschwindigkeit als die Lichtgeschwindigkeit geben kann, der Relativitätstheorie als Basis dient. Die charakteristischen Konstanten werden durch diese Prinzipien über die Bedeutung des Auftretens in einem physikalischen Spezialgebiet hinausgehoben. Die Lichtgeschwindigkeit ist in der Relativitätstheorie nicht nur die Geschwindigkeit der Strahlung im leeren Raum, sondern die einzige allgemeine Verknüpfung von Raum- und Zeitdistanzen. Das universelle Wirkungsquantum gibt in der Quantentheorie nicht nur etwa eine Verknüpfung von Energie und Schwingungszahl an, wie beim lichtelektrischen Effekt, oder eine Begrenzung bei der statistischen Verteilung der Energie auf schwingende Systeme, sondern die universelle *Begrenzung jeglicher Meßgenauigkeit durch die Feld-Korpuskel-Einheit jedes Elementarvorgangs.*

Komplementarität.

Hier tritt der Zwiespalt wieder hervor, der unmittelbar aus der Spaltung der modernen Physik (s. S. 119) erwächst und der kein andrer ist, als der Zwiespalt Feld-Korpuskel. Aber hier tritt er *ohne inneren Widerspruch* auf; er wird erst dadurch in die Beschreibung der Naturvorgänge *hineingetragen,* daß wir diese in bestimmter Weise beobachten, d. h. Raum-Zeit-Begriffe an sie heranführen, die ihnen nicht gemäß sind.

Die Wellen-Feld-Natur jedes Elementarvorgangs ist eine Verdeutlichung der an sich unanschaulichen Vorgänge, die begrenzt ist durch die korpuskulare Natur desselben Elementarvorganges, und umgekehrt ist die rein korpuskulare Auffassung durch die tatsächlich vorhandene Wellennatur begrenzt. Die Frage nach der raumzeitlichen Lokalisierung können wir nur durch Beobachtungen beantworten, die wegen der großen dabei auftretenden Energie- und Bewegungsgrößenumsätze den kausalen Zusammenhang stören (kurzwelliges Licht); die Frage nach der kausalen Verknüpfung lösen nur Beobachtungen, die jede Lokalisation unmöglich machen (langwelliges Licht). Darum erscheinen uns die Vorgänge nicht mehr kausal in Raum und Zeit verknüpft, wie es bei den Vorgängen der sinnlich erfaßbaren Welt der Fall ist, sondern *entweder raum-zeitlich faßbar oder kausal verknüpft.*

Raum-Zeit und Kausalität sind also — nach B o h r s Ausdruck — *komplememtär;* der mikrokosmesche Vorgang kann von unsrer Anschauung entweder raum-zeitlich o d e r kausal erfaßt werden, nicht beides zugleich.

In der Feldtheorie wird alles raum-zeitlich genau geordnet; das Feld hat zu jeder Zeit in jedem Raumpunkt seinen Wert. Die kausale Verknüpfung aber, die in der alten Feldtheorie durch Berechnung der Energiegrößen in jedem Punkt des Feldes hergestellt wurde, ist sinnlos; da diese Verknüpfung rein korpuskular erscheint, wird sie von der Feldtheorie nicht geliefert. In der reinen Korpuskulartheorie wird die Bilanz der Energie und der Bewegungsgröße richtig gezogen und somit eine kausale Verknüpfung quantitativ verfolgt; aber eine Lokalisation, etwa eine Voraussage der Bewegungsrichtung des Elektrons nach einem Zusammenstoß mit einem Lichtquant, oder die Lokalisation des Elektrons auf seiner Bahn um den Kern werden völlig sinnlos.

W a h r s c h e i n l i c h k e i t s f e l d.

Betrachten wir nun von diesem Standpunkt vollständiger Komplementarität aus noch einmal die wenigen Aussagen, die wir über das Schema der Quantentheorie machen konnten, so muß unsere Darstellung unbefriedigend sein. Denn wir sahen oben (S. 148) in diesem Schema eine nicht raum-zeitliche, aber kausale Verknüpfung der Naturgrößen untereinander. Es lassen sich die Schwingungszahl, die Intensität und Polarisation jeder Ausstrahlung berechnen, auch andere energetische Größen, die mit dem Aufbau des Atoms zu tun haben; aber es läßt sich nichts lokalisieren, weder die Lage des Elektrons, noch die Lage mehrerer Atome gegeneinander; denn die Größen, welche Raum und Zeit in dem Schema ersetzen, haben rein formale Gestalt und erhalten bei mehreren Elektronen auch mehr Dimensionen als unser gewöhnlicher Raum. Läßt sich nun dieses Schema nicht auch raum-zeitlich deuten bei Verzicht auf streng kausale Verknüpfung?

Eine solche Deutung gab zuerst B o r n (1926) und hat damit entschieden einen Schritt zur besseren Veranschaulichung des grundsätzlich Unanschaulichen getan. Er verbindet die im quantentheoretischen Schema auftretenden Größen überhaupt nicht mit dem einzelnen korpuskularen Elementarprozeß, sondern mit der Verteilung einer großen Anzahl solcher Elementarprozesse auf die verschiedenen Möglichkeiten des Verlaufes. Die Größen der Quantentheorie geben dabei in jedem Punkte des Raumes zu jeder Zeit die *Wahrscheinlichkeit* dafür an, daß dort ein korpuskularer Elementarprozeß auftritt; sie messen direkt die Anzahl der Elementarprozesse, die in jedem Raum-Zeit-Gebiet vor sich gehen. Bei dieser Auffassung verschwindet die Schwierigkeit der vielen Raumdimensionen in der Rechnung; denn es ist dann immer derselbe Raum, der vorkommt, nur bezogen auf ein anderes Elektron. Die ganzen, formal im vieldimensionalen Raum gewonnenen Ergebnisse lassen sich übersetzen in die verschiedenen Wahrscheinlichkeiten dafür, daß die verschiedenen Elektronen, Lichtquanten oder dergleichen sich in bestimmten Raum-Zeit-Gebieten finden.

Der einfachste Fall ist auch hier der des Lichtes; wir dürfen das Feld — etwa im Interferometer — nicht als etwas Substantielles auffassen, sondern nur als ein leeres *Wahrscheinlichkeitsfeld*, in dem die Elementarprozesse in um so größerer Zahl auftreten, je größer die mathematische Größe ist, welche von der alten Theorie als die Energie angesprochen worden ist. Wo die Wellen — die jetzt nichts Physikalisches, sondern „Wahrscheinlichkeitswellen" sind — sich bei der Interferenz verstärken, dort treten viel Lichtquanten auf; wo sie sich auslöschen, kann kein Lichtquant hingelangen.

Wir erhalten auf diese Weise eine volle raum-zeitliche Beschreibung der Vorgänge; aber — wie zu erwarten war — die kausale Verknüpfung ist völlig verschwunden. An ihre Stelle tritt eine „Wahrscheinlichkeit", die den einzelnen *Elementarprozeß völlig unbestimmt* läßt. Man stelle sich etwa vor, das Interferometer werde von so schwachem Licht durchlaufen, daß nur in langen Abständen einzelne Lichtquanten auftreten; die große Zahl komme dadurch zustande, daß die beobachtende photographische Platte lange genug belichtet werde. Dann muß das Wahrscheinlichkeitsfeld bei jedem Lichtquant dasselbe sein; das Lichtquant muß auf beiden Wegen wandern trotz

seiner korpuskularen Natur; also der Widerspruch für die
Anschauung wird nicht aufgelöst. Der Weg des einzelnen Lichtquants und die Stelle, wo es schließlich absor-
biert wird und die Platte schwärzt, bleiben im Einzelfall un-
bekannt und unbestimmt. Bei *großer Zahl* der Elementarprozesse geschieht aber die *Verteilung* so, wie es dem Wahrscheinlichkeitsfeld entspricht, so daß ein ganz bestimmtes
berechenbares Gesamtbild erscheint, und nur der korpuskulare Charakter des Elementarprozesses völlig verwischt wird.

Die Auffassung der „Wahrscheinlichkeitswellen" liegt unsrer
Anschauung deshalb nahe, weil es dabei so aussehen könnte
— was aber Illusion ist —, als bliebe auch die kausale Verknüpfung *erhalten;* nur sei diese *nicht verfolgbar.* Oben
(S. 35) wurde ja die Rolle angedeutet, welche solche Wahr-
scheinlichkeitsbetrachtungen in der kinetischen Gastheorie spielen; dort wird der einzelne Prozeß — etwa der Zusammenstoß zwischen 2 Atomen — nicht verfolgt, und nur ein Mittel
aus ungeheuer vielen Einzelwirkungen genommen; dabei wird
aber keineswegs bezweifelt, daß alle diese Einzelprozesse ab-
solut kausal nach den Gesetzen der Mechanik verlaufen, und
nur technische Schwierigkeiten der Verfolgung der Einzelprozesse, die zudem nicht interessant sind, entgegenstehen.
Wir können auch jetzt der Anschauung sein, daß die in unserm Wahrscheinlichkeitsfeld verlaufenden Elementarprozesse
einzeln kausal bedingt, aber nicht verfolgbar seien; aber wir
verstoßen mit dieser Anschauung gegen den Geist der Quantentheorie, deren Grundprinzip die *grundsätzliche,* also nicht
nur durch technische Schwierigkeiten bedingte Unmöglichkeit
einer solchen kausalen Verfolgung ist. Hat es einen Sinn, von
einem Zusammenhang zu reden oder sich nicht nachprüfbare
Vorstellungen zu bilden bei Vorgängen, die wir grundsätzlich
nicht verfolgen können?

Ausblick.

An diese Überlegungen hat eine reichhaltige Literatur an-
geknüpft, die weit über das Gebiet der Physik hinausgreift
und den Gedanken, kausale Betrachtungen durch Wahrschein-
lichkeitsüberlegungen zu ersetzen, in andere Gebiete hinein-

trägt. Es ist interessant, daß die Priorität für solche Betrachtungen wohl v. Mises (1921) zukommt, der von ganz anderer Basis ausging zu einer Zeit, als die moderne Wendung der Quantentheorie noch gar nicht geschehen war. Vor allem in philosophischen Kreisen (Reichenbach, Wiener Schule) haben diese Überlegungen vielfach Eingang gefunden, allerdings auch gerade bei Physikern starken Widerspruch erregt (Planck, v. Laue, Schrödinger). Zu unserem Thema gehören diese Gedankengänge nicht mehr, auch nicht die gewichtigen Ideen Bohrs zur Biologie, die auf der Basis der Unbestimmtheitsrelation erwachsen sind.

Jedenfalls ist mit den neuen Gedanken der theoretischen Physik nicht nur die Kenntnis der physikalischen Erscheinunnungen um ein ungewöhnlich großes Stück vorwärtsgekommmen, sondern auch ein ganz *neues Denkelement* aufgetaucht, das den Forschergeist des Menschen weit über das hinausführt, was ihm Sinne und Anschauungsfähigkeit bescheren. Und darum ist gewiß keine Anschauung falscher als diejenige, die in der modernen Physik Resignation oder Kapitulation vor dem Irrationalen sehen will. Mit immer innigerer Anpassung an die Forderungen der Natur wird der forschende Geist immer mächtiger; er wird immer mehr das verstehen lernen, was ihm ewig unverständlich schien, und wenn er dabei vom „Verstehen" immer weniger verlangt, so wird er nur gewinnen; er wird die Natur nicht weiter vermenschlichen, sondern den Menschen weiter zur Natur emporheben.

Sach- und Namenverzeichnis.